Zeitreisen mit Bergbahnen und nach London
Kultur + Technik von 1620 bis 1929

Zeitreisen #02
edition.epilog.de

Plakat von 1916.

Zeitreisen

mit Bergbahnen und nach London

epilog.de

zeitreisen zur kultur + technik

Herausgegeben von Ronald Hoppe

edition.epilog.de

Bibliografische Information der Deutschen Nationalbibliothek:
Die Deutsche Nationalbibliothek verzeichnet diese Publikation
in der Deutschen Nationalbibliografie; detaillierte bibliografische
Daten sind im Internet über http://dnb.dnb.de abrufbar

Ausgewählt, redigiert und gestaltet von Ronald Hoppe
Herstellung und Verlag: BoD – Books on Demand, Norderstedt

ISBN: 978-3-7562-0128-0

INHALT

Das Titelbild ist von Plinio Colombi (1873 – 1951) und wurde einem Werbeplakat der Lötschbergbahn von 1937 entnommen.

Für diese Ausgabe wurden die Originaltexte in die aktuelle Rechtschreibung umgesetzt und behutsam redigiert. Längenangaben und andere Maße wurden gegebenenfalls in das metrische System umgerechnet.

Die folgenden Beiträge wurden mit Abbildungen aus anderen Quellen ergänzt: Riesenüberbrückung des größten nordamerikanischen Stroms; Der Trisanna-Viadukt an der Arlbergbahn; Die Rigibahn; Die neusten Erfindungen zur Rettung von Schiffbrüchigen; Das Perpetuum mobile; Die Berliner Charité; Das große neue Wasserwerk für London; Die Kanalisationsfrage in Wiesbaden; Eine Volksküche in London.

Die Erzählung ›Der Mann, der die Welt zugrunde richten wollte‹ wurde von Bernhard Rühl übersetzt. © 2016.

Bau & Architektur

Zeremonie zur Eröffnung der
London Bridge am 1. August 1831.

Die Matthäuskirche in Steglitz bei Berlin.

Die neue Kirche in Steglitz bei Berlin

Zentralblatt der Bauverwaltung • 3.3.1883

Die in den Jahren 1876 bis 1880 in Steglitz bei Berlin erbaute neue protestantische Kirche ist räumlich so angelegt, dass 1200 Kirchgänger in derselben untergebracht werden können. Zur Zeit sind indes nur 694 feste Sitzplätze zu ebener Erde und 318 auf den Emporen vorhanden. Bei einem weiteren Anwachsen der Gemeinde kann leicht noch eine größere Anzahl von Freibänken an den Wänden und in der Vierung aufgestellt werden.

Die Kirche konnte bei der Beschränktheit des Bauplatzes nicht in der üblichen Weise orientiert werden und ist vielmehr mit dem Altar nach Nordwest gerichtet. Ihre Grundrissanordnung zeigt einen 13,5 m im Lichten weiten einschiffigen, massiv überwölbten Langhausbau mit kurzen Kreuzflügeln von der gleichen Lichtweite, so dass das Innere zentralbauartig wirkt. Der Chor ist als Rechteck angelegt, welches durch einen Gurtbogen in zwei Abteilungen geteilt ist. Von diesen dient die äußere als Raum für den Altar, während die innere den Vorraum dazu und die durch einen über mächtiger Grundrissschräge entwickelten Triumphbogen eingeleitete Verbindung mit dem Querschiff bildet.

Der Altarraum wird links durch die Taufkapelle und rechts durch die Sakristei begrenzt, welchen sich je ein Zwischenbau mit Treppenaufgang für die Besucher der Emporen des Querschiffs anschließt. Letzteres hat an jeder Stirnseite einen vorgebauten Windfang mit nach außen aufschlagender eichener Eingangstür erhalten. Der Haupt-Eingang der Kirche befindet sich in der Achse des dem Längsschiff voranstellten 68 m hohen Westturms, dessen unterstes Geschoss als eine geräumige, nach außen durch eine tiefe Nische charakterisierte Vorhalle ausgebildet ist. Von dieser gelangt man seitlich in runde, außen achteckig behandelte Treppenhäuser, welche die Aufgänge zur Orgelempore enthalten. Die eine der betreffenden Treppen ist sodann noch bis zu dem in Dachbodenhöhe liegenden Geschoss des Turms weitergeführt.

Die in Holzwerk ausgeführte Orgelempore nimmt im Grundriss das erste Joch der Kirche ein. Zu beiden Seiten schließen sich derselben schmale an die Wände des Langhauses angelehnte, balkonartig ausgebaute Laufgalerien an, welche den doppelten Zweck haben, eine leichte Zugänglichkeit der Fenster zu ermöglichen und die glatte Wand des Kirchenschiffs aus akustischen Gründen mit starkem Relief zu versehen.

Im ersten Stockwerk des Turms befindet sich die Gebläsekammer; der Raum darüber enthält eine Wendeltreppe aus Holz, die den Dachboden, die Uhrkammer und die Glockenstube zugänglich macht, und über letzterer erhebt sich dann der massive Turmhelm, dessen Innenraum vollständig frei ist.

Die Kirche ist in strengem Ziegelrohbau aufgeführt, und zwar ist eine Durchbildung der Architektur im Anschluss an die einschlägigen mittelalterlichen Backsteinbauten der Mark versucht; dabei ist hinsichtlich der technischen Behandlung nicht eine bestimmte Phase der gotischen Entwicklung zugrunde gelegt worden, vielmehr ist in eklektischer Weise so verfahren, dass für die Konstruktionen mehr die reiferen und dem Material gemäßen Bildungen der mittleren Epochen, für das Ornamentale die frühere Zeit zum Vorbild genommen worden sind.

Die Plinthe des Bauwerks besteht aus gehauenen Granitfindlingen und ist durch ein gekehltes Granitgesims abgedeckt, während das aufgehende Mauerwerk mit Ausnahme einiger vereinzelter Granit- und Sandsteinwerkstücke durchweg aus vollen Ziegeln in Normalgröße hergestellt ist. Sowohl die Außenflächen, so weit sie nicht, wie in den Friesen und Gründen der Blendnischen, geputzt worden sind, als auch die konstruktiv charakteristischen Teile der Innenflächen des Kirchenschiffes sind mit roten Verblendziegeln aus der Ziegelei von Kunheim & Co. in Alaunwerk bei Freienwalde a. O. bekleidet, und zwar sogleich beim Aufführen des Mauerwerks. Die inneren Wandflächen der Vorhallen des Turms und der Nebeneingänge sowie die Treppenräume sind dagegen mit gelben Steinen aus Siegersdorf verblendet.

Über die Ausbildung des Ziegelrohbaues dürfte Nachfolgendes von besonderem Interesse sein: Das Relief der Außenarchitektur ist möglichst zart gewählt worden. Beispielsweise betra-

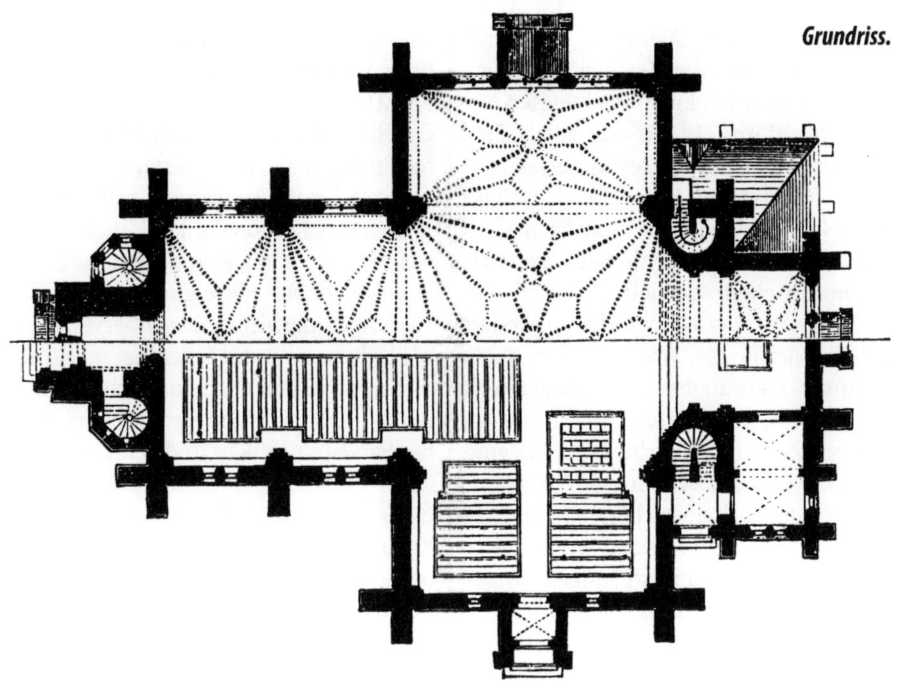

gen die äußersten Flächenausladungen an den schräg aufsteigenden Giebelgesimsen oberhalb der Blendnischen nur 7 cm, und zwar springt in der beigegebenen Skizze *(Fig. 1)* die Fläche a gegen b um 3 cm, b wiederum gegen c um 4 cm vor. Bei allen diesen Giebelgesimsen ist grundsätzlich die horizontale Lage sämtlicher Lagerfugen durchgeführt worden, was durch Anordnung der sich übertreppenden Stromschichten sowohl als der geraden Schichten erreicht worden ist. Die Stromschichten *(Fig. 2)* bestehen aus halben, der Länge nach geteilten Steinen, da die Breite der einzelnen Stromzähne bei Anwendung ganzer Steine zu groß ausgefallen wäre und roh gewirkt hätte. Die Wasserschrägen sind aus Schmiegsteinen hergestellt, und zwar ist nur eine Form derselben zur Anwendung gekommen da es, wie unten stehende *Fig. 3* zeigt, leicht ist, mit denselben verschiedene Neigungen zu erzielen.

Das Maßwerk der Fenster ist nach der späteren Ausführungsweise des Mittelalters aus Formsteinen gewöhnlicher Größe aufgemauert, und dabei sind, der besseren Lichtverteilung und überhaupt einer leichteren Wirkung wegen die einzelnen Bögen der Maßwerksfiguren an ihren Berührungspunkten zusammen-

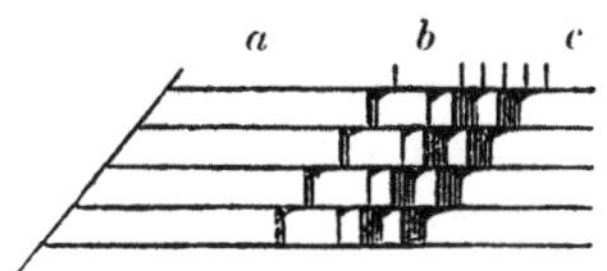
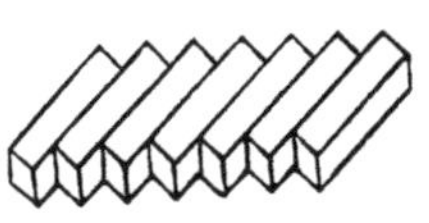
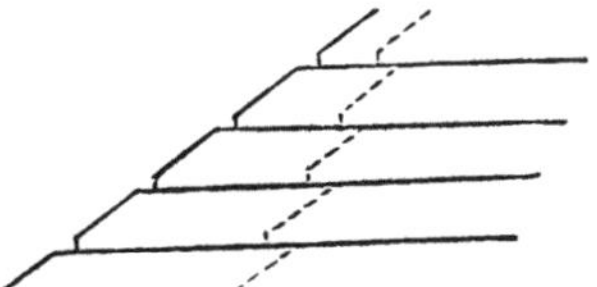

Fig. 1 – 3 Giebelgesimse.

gehauen worden. Die dazu verwandten Steine – aus der Ziegelei von Bienwald & Rother bei Liegnitz – zeigten ein sehr gleichförmiges, für eine solche Bearbeitung sehr geeignetes Material.

Die Spitzbogenfriese *(Fig. 4)*, welche den Neigungslinien der schrägen Giebelgesimse folgen, schließen Blendnischen mit einem vertieften Grund ein, welcher um 21 cm gegen die äußersten Flächen der Friese, um 13 cm gegen das darunter befindliche Giebelmauerwerk zurückliegt, mit Mörtel geputzt und im nassen Zustand gefärbt ist. Dasselbe gilt von den Friesen der horizontalen Hauptgesimse, bei welchen jedoch noch plastischere, dem Grund freistehend vorgesetzte Ziegelmusterungen angewandt sind.

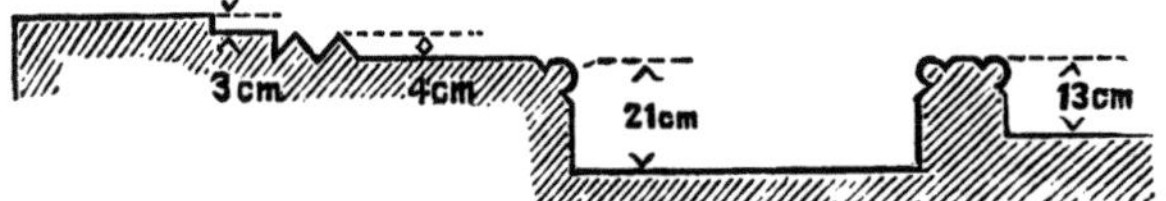

Fig. 4 Ausbildung des Ziegelrohbaus.

Der massive, achteckig auf vier steilen Giebeln entwickelte Turmhelm ist in einfach abgetreppten horizontalen Schichten aus Verblendklinkern, oben 1 Stein, unten 1 ½ Stein stark, in verlängertem Zementmörtel aufgemauert, und hat eine Schwellung, deren größtes Maß etwa in der Mitte zwischen den Spitzen der Giebel und dem alsdann folgenden Horizontal-Fries liegt. Der Helm ist von der Oberkante der Wasserspeier an den Giebelfüßen bis zum Mittelpunkt des Turmknopfes 31 m hoch; seine Schwellung beträgt beiderseits 10 cm. Der größeren Festigkeit wegen sind in den Kanten der Pyramide 12 cm breite Verstärkungsrippen aus gewöhnlichen Verblendklinkern angebracht. Acht Luftrosetten bewirken einen starken Luftwechsel des Innenraums der Spitze,

wie ein solcher überhaupt für die Erhaltung von Steinpyramiden für überaus wichtig angesehen werden muss. Zur Erhöhung der Festigkeit des Helms sind teils polygonale, im Inneren des Mauerwerks gelegene Ringanker, teils durchreichende Diagonalanker angewandt, welch letztere zugleich Stützpunkte für etwaige innere Besteigungen oder Berüstungen darbieten. Der oberste, etwa 2 ½ m hohe Teil der Spitze ist aus einer mit acht kleinen Giebeln geschmückten und aus acht Stücken zusammengesetzten Sandsteinschicht und zehn horizontalen Granitschichten hergestellt, welche ausgehöhlt sind, um den Anker des Kreuzes durchzulassen. Letzterer reicht bis unter die Sandsteinschicht hinab und ist hier mit vermauerten schmiedeeisernen Trägern fest verbunden. Über dem granitenen Teil der Pyramide beginnt die mit dem Knopf zusammenhängende Kupferbekleidung auf Eisengerippe.

Im Inneren der Kirche sind sämtliche konstruktiven Teile, als Sockel, Vorlagen, Dienste, Gurtbögen, Kippen, Tür- und Fensterbögen, Tür- und Fensterlaibungsrahmen usw. im Fugenbau ausgeführt, während die zwischen denselben liegenden Flächen der Wände, Fensterlaibungen und Gewölbe geputzt sind. Hierbei ist es vorgezogen, die Fläche nicht abzufilzen, sondern einfach mit dem Brett abzureiben, da auf der rauen Oberfläche ein satterer wirkungsvollerer Farbenanstrich zu erzielen ist.

Der Kirchenraum ist mit reichen Sterngewölben aus porösen Steinen in Zementmörtel überdeckt. Dabei haben sämtliche Gewölberippen ein und dasselbe End-Profil von 18 cm Breite und 20 cm Höhe erhalten. Die zwischen die Rippen busig gespannten Kappen sind gleichzeitig mit den Rippen und mit denselben im Verbande, in der Mitte des Gewölbes ½ Stein, nach unten hin 1 Stein stark aufgemauert. Die Schlusssteine der Knotenpunkte liegen in der Peripherie eines Kreises und sind von Sandstein gefertigt, während die Mittelpunkte der Sterne aus gemauerten Ringen mit dem Profil der Rippe konstruiert sind.

Sämtliche Treppen des Gebäudes bestehen bis zur Höhe der Emporen aus Granit; die höher führende Treppe neben dem Turm ist von da ab aus Sandstein gefertigt.

Zu den Fußböden sind graugelbe Mettlacher Platten verwandt, mit einem Flachornament, welches nach Art der mittelalterlichen Technik durch vertiefte, braun glasierte Striche hergestellt ist;

der Rollschicht angebrachten Zinkanschluss einen wesentlichen Schutz gewährt.

Der innere Ausbau der Kirche ist seinem Hauptmaterial nach aus Eichenholz hergestellt, das später geölt und gewachst, und in seinen Stabungen und Kehlungen polychrom mit braun, blau, rot und Gold behandelt worden ist. Es gilt dies von den in gestochener und gestemmter Arbeit hergestellten Emporen, von den ebenso gefertigten Sitzbänken und Brüstungen, der Kanzel, der Altar-Rückwand, der Orgel sowie dem gesamten in der Kirche vorhandenen Tafelwerk.

Die Schmiedearbeiten, als Türbeschläge, Altarfüllungen, Gitter Beleuch-

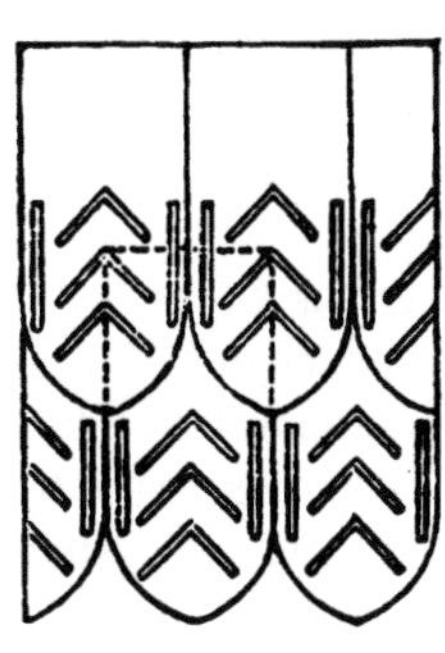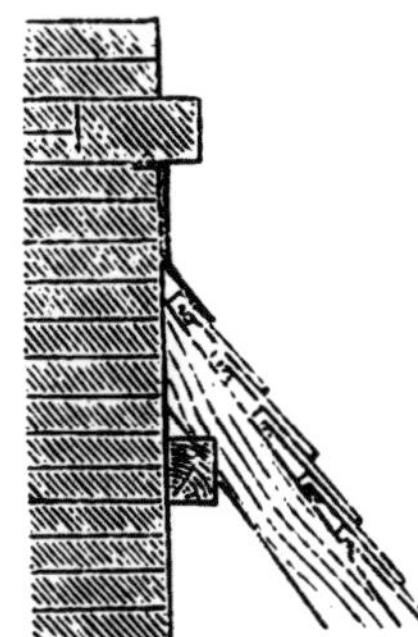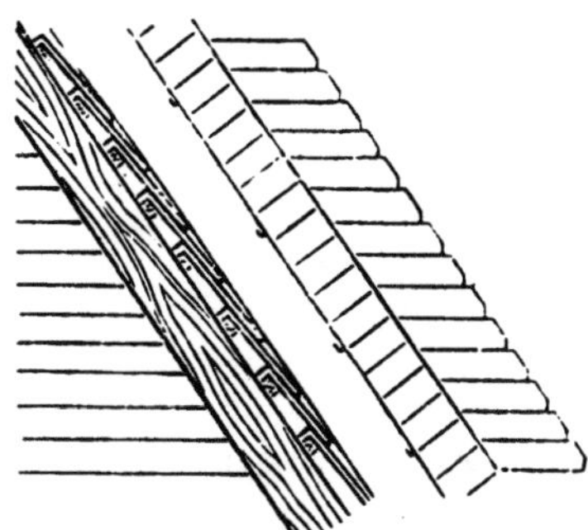

Fig. 5 – 7 Dachkonstruktion.

die Sicherheit des Begehens der Platten ist dadurch bedeutend erhöht worden.

Die Dachdeckung wurde als Doppeldach hergestellt, und zwar mit Biberschwänzen aus der Ziegelei von Bienwald & Rother, welche nach altem Vorbild wie in beigegebener Skizze *(Fig. 5)* mit tropfenabweisenden Rippen versehen sind. An allen denjenigen Stellen, wo Pult- oder Satteldächer sich an Mauerflächen anschließen, sind letztere etwa 25 cm über der Dachanschlusslinie mit einer ausgekragten Rollschicht versehen *(Fig. 6, 7)*, so dass eine Wassernase gebildet ist, die dem unmittelbar unter

tungsgegenstände usw., sind im allgemeinen ebenfalls in mittelalterlichem Sinne ausgeführt und bilden einen nicht unwesentlichen Schmuck der Kirche. Sämtliche Beschläge der Türen bis auf die schmiedeeisernen Drücker sind in Öl schwarz gesotten, während die Beleuchtungsgegenstände einen rostfarbenen Anstrich erhalten haben und in den Hauptlinien vergoldet worden sind.

Die Verglasung der Fenster besteht aus englischem Kathedralglas in schmaler, aber stark verzinnter Verbleiung.

Die Chorfenster enthalten polychrome figürliche Darstellungen nach Kartons von Professor Welter in Köln, während die übrigen Fenster, mit Ausschluss der buntfarbigen Rosetten, sich vorwiegend auf Pflanzen-Ornamente in damaskierter Grisaille beschränken. Die Fenster sind im Königlichen Institut für Glasmalerei gefertigt und geben durch ihren grünlich schimmernden Ton dem Kirchenraum eine warme und weihevolle Stimmung. Das Schwitzwasser der Fenster wird mittels eines schmalen unteren Schlitzes auf den äußeren Wasserschlag abgeführt.

Die geputzten Innenflächen der Kirche, die Gewölbekappen, Laibungen der Fenster und Wände sind mit Leimfarben-Bemalung versehen, welche in farbensatten Tönen mit Vergoldungen im freieren Anschluss an ein weiter zurückreichendes mittelalterliches Ornamentationsgebiet durch den Maler Schaper aus Hannover ausgeführt worden ist. In den Kirchenschiffen hat der Teil der Wände zwischen der im Fugenbau hergestellten Plinthe und den Emporen-Gesimsen eine gelbgrünliche Farbe mit rotbrauner und grüner Musterung erhalten, während die darüber gelegenen Wandteile mit einem grünlich steingrauen Ton einfach gefärbt und mit braunen Linien eingefasst sind.

Die Decken sind in einem stumpfen Neutralblau gehalten und mit plastisch in Kupfer getriebenen vergoldeten Sternen verschiedener Größe besetzt, die

Konsolen, Kapitäle und Schlusssteine polychrom bemalt und vergoldet. Mit reicher, ihrer Höhenlage entsprechenden Musterung auf dunklem Grund und Vergoldung, sind die Bogen- und Fensterlaibungen zwischen den Ziegeleinfassungen ausgestattet worden. Eine besonders ausgezeichnete Behandlung hat endlich das Vierungsgewölbe und die Altarnische erfahren. In letzterer gehen zwar die Grundtöne des Schiffs durch, doch sind ihre aufgehenden und gewölbten Flächen mit einem reich entwickelten Rankenwerk und mit Tiergestalten belebt. Die geputzten Teile des Triumphbogens sind in einem olivengrünen Grundton gefärbt und mit Rankenzügen in größerem Maßstab geschmückt.

Zur Erwärmung der Kirche ist eine Wagnersche Kanalheizung mit zwei unter der Vierung nahe am Chor gelegenen Herden, a a der nebenstehenden Skizze (Fig. 8), vorgesehen. Die Feuerkanäle derselben bilden die Schleifen a b c d vom Herd zum Schornstein. Mit der Kanalheizung ist zugleich eine Zirkulationsluftheizung verbunden, indem die Kirchenluft mittels einiger Kanäle durch Saugeöffnungen in die die Herde umgebende Luftkammer gebracht wird, wo sie sich erwärmt, um dann unmittelbar nach oben in den Kirchenraum zurückzutreten. Die Schlote d sind im Dachraum zu einem einzigen Schornstein zusammengezogen, der in der Achse des Choranschlussgiebels entwickelt ist.

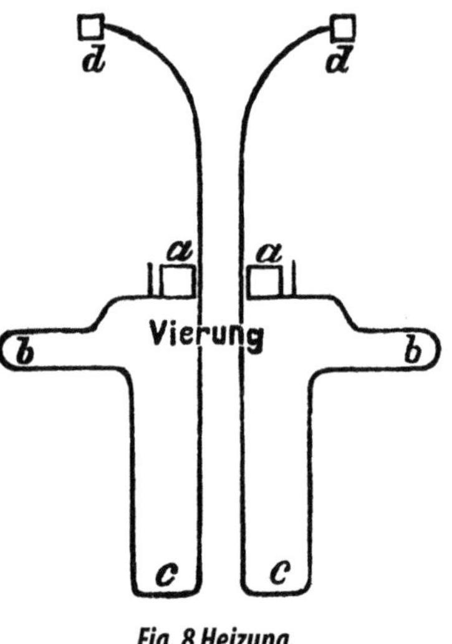

Fig. 8 Heizung.

Als durchaus günstig sind die akustischen Verhältnisse der Kirche zu bezeichnen, und es darf angenommen werden, dass dieser Umstand besonders durch die stark gekrümmten Gewölbe und die Vermeidung runder Grundrissformen hervorgebracht worden ist.

Bei den vielen Zuwendungen, welche der Bau erfahren hat, war es möglich, die sonstige Ausstattung in etwas reicherer Formgebung durchzuführen. Die von Sr. Majestät dem Kaiser und König allergnädigst gestifteten Altarfenster, bei denen in der Mittelrosette der segnende Christus, darunter die beiden Apostel Petrus und Paulus und neben diesen in den Seitenfenstern die vier Evangelisten dargestellt sind, gaben Veranlassung, auch die übrigen Fenster, wie bereits erwähnt, in Glasmalerei herzustellen. Dabei sind in den Rosetten des Querschiffs die göttliche Dreieinigkeit und die christlichen Tugenden: Glaube, Liebe und Hoffnung zur Darstellung gebracht. Zum Altar sind viele Stiftungen beigetragen worden, von denen besonders die aus echter Bronze gefertigten Engelsfiguren, der Sandsteintisch, die Altargeräte und das Antependium aus rotseidenem Rips mit echter Goldstickerei zu nennen sind. Geschenkt ist ferner der Taufstein, welcher vom Stifter nach einem Modell Rauchs gefertigt ist, ferner die Kosten für die Beschaffung eichener Lieder- und Kriegertafeln sowie für die Beleuchtungsgegenstände, die Teppiche usw., endlich vor allen Dingen die von Dinse in Berlin erbaute vortreffliche Orgel, welche die Kirche dem Opfersinn von W. Maurer in Steglitz verdankt.

Diesen vielseitigen Zuwendungen ist es besonders zu danken, dass das Innere der Kirche einen überraschend reichen Eindruck gewährt.

Die Kosten des Baus betragen ohne die Geschenke, aber mit den Beträgen für die Zentralheizung in runder Summe 307 000 Mark, wovon dem Fiskus für Beschaffung der Steine, des Kalks und Rundholzes ausschließlich aller Nebenkosten etwa 140 000 Mark zur Last fallen. Die bebaute Grundfläche der Kirche beträgt ohne die Strebpfeiler 895 m², so dass sich ein Einheitspreis für den Quadratmeter von rund 343 Mark ergibt.

Fast genau zu demselben Ergebnis kommt man, wenn man, wie dies bei überschläglichen Ermittlungen häufig geschieht, den Turm mit dem Dreifachen seiner Grundfläche, die niedrigen Anbauten aber mit einem Drittel derselben in Rechnung stellt. Für den Kubikmeter des Rauminhalts berechnet sich unter durchschnittlicher Annahme der 16 m betragenden Höhe von der Oberkante des Fundamentmauerwerks bis zum Hauptgesims ein Kostenbetrag von rund 21,50 Mark. Hierbei sind für das Tausend der verwendeten Verblendsteine frei Bahnhof Steglitz 69 Mark, für die Hintermauerungssteine desgleichen 31,50 Mark und für den Kubikmeter aufgehenden Mauerwerks an Arbeitslohn 5,48 Mark gezahlt worden.

Die Aufstellung des Entwurfs und die Ausführung des Baus ist unter Oberleitung der bezüglichen Behörden durch den Unterzeichneten bewirkt.

Potsdam, im November 1882
• Gette, Kreis-Bauinspektor

Riesenüberbrückung des größten nordamerikanischen Stroms

DIE GARTENLAUBE • 1874

Es war an einem klaren Novembertage, als der Bahnzug nach einer zweitägigen Fahrt durch die Staaten New York, Pennsylvanien, Ohio, Indiana und Illinois sich dem Mississippi näherte. Noch beschäftigte sich meine Fantasie in der eintönigen Umgebung mit den Eindrücken der vergangenen Nacht. Auf meinem Bett im Schlafwagen liegend, hatte ich den Vorhang, welcher das Fenster verhüllte, zurückgeschoben und lange hinausgeblickt auf die vom Monde beschienene Landschaft. Ausgedehnte Wälder begleiteten den Zug zu beiden Seiten; dann wechselten Pfützen und Sümpfe, in denen eingestürzte Bäume vermoderten, mit Wiesenland, und dazwischen erschien

von Zeit zu Zeit ein einsames Farmhaus. Einen merkwürdigen Anblick bot ein hoher, abgestorbener Baum, an welchem, ohne Zweifel von dem Besitzer des Landes angelegt, die Flammen hoch emporzüngelten, eine Riesenkerze eigener Art.

In vollendeter Klarheit ging der Tag auf über den weiten Ebenen von Illinois, und in ungetrübter Reinheit spannte sich der blaue Himmel eines indianischen Sommers über die gleichförmige Landschaft. Endlich, gegen drei Uhr nachmittags, erreichte der Zug den Bahnhof am Ufer des Mississippi. »Ein sauberer Bahnhof das!«, sagt wohl der verwöhnte Europäer. Denn da ist nichts als ein langes Holzgebäude, vom Wetter und vom Kohlendampf geschwärzt; darüber erheben sich Gruppen von alten, hohen Bäumen, nicht durch Kunst und zur Zierde dahin gepflanzt, sondern noch ein Rest des echten Urwaldes. Ein tiefer, schwärzlicher Staub bedeckt nicht nur den Boden, sondern mehr oder weniger alles, was unseren Augen begegnet. Doch – nur wenige Schritte, und wir stehen im Freien. Das Ufer senkt sich rasch dem Strome zu, der in majestätischer Breite, aber schmutzig gelb seine Gewässer vorbeiwälzt, und jenseits dehnen sich, so weit die Blicke reichen, die Häuserreihen der großen Mississippi-Stadt am Ufer aus. Auch dort hebt sich das Ufer und mit ihm die Häusermassen höher und höher, und über alle hoch empor ragt die Kuppel des stattlichen Courthouse, welches den Mittelpunkt der Stadt bildet.

Wie in dem amerikanischen Leben überhaupt die ungeschminkte Natur noch häufig mit der Kultur sich nahe berührt, wie in der Stadt St. Louis selbst sich unbebaute Stellen finden, wo die

ursprüngliche Prärie noch erkennbar ist, so stoßen an dem gegenüberliegenden Ufer, das man vom Osten her zuerst erreicht, dicht an die kleinen Städte Illinois Town und Ost-St. Louis die Ponds oder seeartigen Teiche, an deren Rande sich noch die Reste des Urwaldes erheben. In derselben charakteristischen Weise bilden auch die beiden Stromufer an dieser Stelle einen auffallenden Gegensatz.

Doch der Omnibus erwartet uns, um uns an das andere Ufer zur Stadt zu bringen. Mehrere solcher Wagen stehen, alle mit vier Pferden bespannt, am Bahnhof bereit uns aufzunehmen. Wagen, Pferde, Passagiere, alles ist mit Staub bedeckt. Nachdem wir eingestiegen sind, rasseln sie hintereinander her, über das holprige Ufer zum Fluss hinab und im Galopp über die Landungsbrücke auf das Dampffährboot. Da stehen sie nun ruhig, bis das Boot, welches fast unmittelbar darnach vom Land abstößt und den Strom unter dumpfem Gestöhne der Maschine kreuzt, nach einigen Minuten das andere Ufer erreicht hat.

Bau der Eads Bridge.

Dann geht es wieder im Galopp über die holprige und staubige Uferstraße von St. Louis hinauf in die Straßen der Stadt und zu irgendeinem Gasthofe, den der Reisende verlangt. Die Fahrt sowohl im Omnibus als auf dem Fährboote, alles ist mit dem Ticket, das man in New York oder sonst wo gelöst hat, bereits bezahlt und verursacht keinen besonderen Aufenthalt und keine besonderen Kosten, ebenso wenig als das Gepäck, für das man in New York eine nummerierte Marke aus Messing erhalten hat, gegen deren Ablieferung man im Gasthof zu St. Louis sein Gepäck wieder erhält.

Obgleich die bisherigen Einrichtungen für den riesig anwachsenden Verkehr unter den gegebenen Umständen das Mögliche leisteten und in der Tat vortrefflich waren, so machte sich doch das Bedürfnis nach einer stehenden Brücke über den Mississippi schon lange geltend. Denn, der südlichen Lage ungeachtet, friert der gewaltige Strom oft gänzlich zu, und dann stockt aller Verkehr mit dem jenseitigen Ufer, das heißt mit dem ganzen Osten der Vereinigten Staaten, oft Wochen lang. Es sind besonders zwei Ursachen, welche hierbei ihre klimatischen Einflüsse geltend machen. Die eine ist die Lage inmitten ungeheurer Länderstrecken und weit entfernt vom Meere, wodurch die Gegensätze von Sommerhitze und Winterkälte gesteigert werden. Die Zweite ist der Lauf der beiden großen Ströme selbst, welche in nur geringer Entfernung von der Stadt ihre Gewässer vereinigen, des Mississippi und des Missouri; denn sie kommen beide weit von Norden her und führen ihre Eisschollen Tausende von Meilen weit dem Süden zu.

Obwohl nun die fast gänzliche Stockung des Verkehrs sowohl zwischen beiden Ufern, das heißt, sowohl zwi-

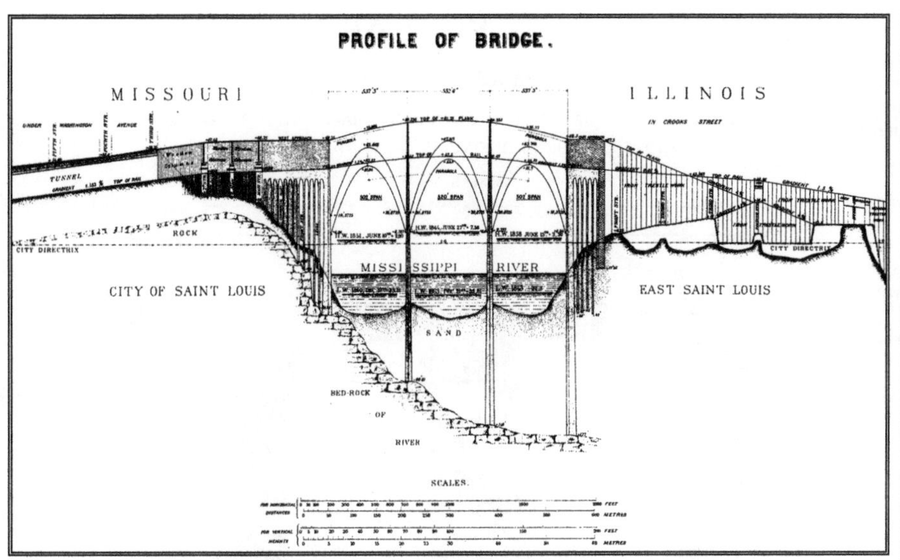

schen beiden Ufern, das heißt an der großen Handelsstraße vom Osten nach dem Westen, als auch auf dem Strom selbst, wo die vielen Dampfer unbeschäftigt zu liegen hatten, natürlicher Weise ungeheure Nachteile mit sich brachte, so erforderte doch ein so großartiges Unternehmen, wie die Erbauung einer Brücke, so große Kapitalien, und andererseits waren gerade hier so viele eigentümliche Schwierigkeiten zu besiegen, dass die Stadt zu einer Bevölkerung von nahezu einer halben Million heranwuchs, ehe das kühne Werk zu

SECTION OF EAST PIER AND CAISSON

ON LINE AB, PLATE VII.

SHOWING THE INTERIOR OF THE MAIN ENTRANCE SHAFT AND AIR CHAMBER
AND THE WORKING OF ONE OF THE SAND PUMPS.

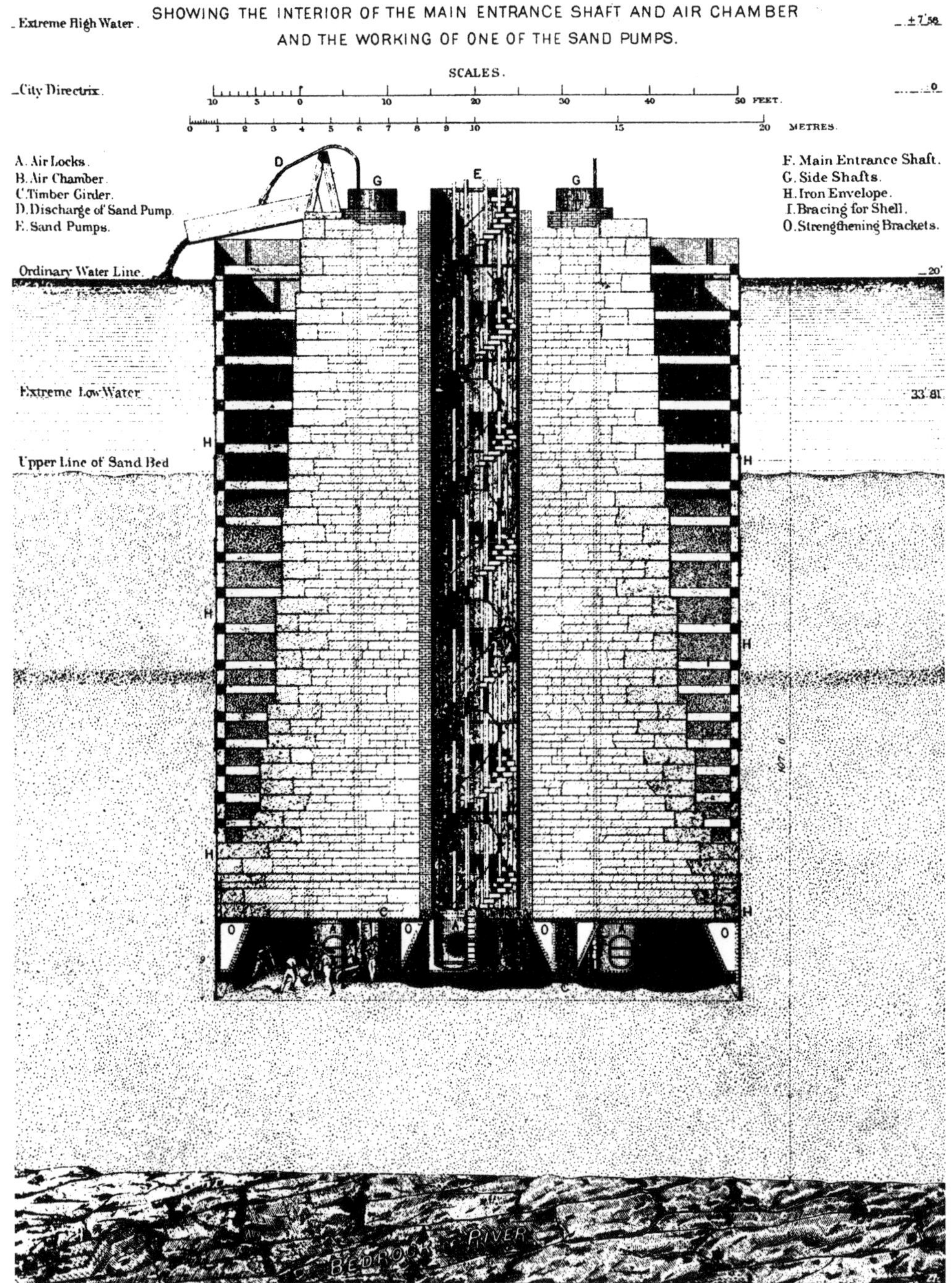

seiner Vollendung, welche vor wenigen Wochen gefeiert wurde, heranreifen konnte.

Bereits im Jahre 1864 bildete sich eine Gesellschaft zur Erbauung einer Brücke über den Mississippi bei St. Louis. Die Stadt selbst liegt im Staat Missouri, dagegen gehört das andere östliche Ufer zum Staat Illinois. Während es sich nun darum handelte, der Gesellschaft die zu ihrer Unternehmung nötigen gesetzlichen Rechte und Befugnisse sowohl vonseiten des Staates Missouri, als auch vonseiten der Unionsregierung zu erwerben, bildete sich im Staat Illinois eine zweite Gesellschaft zu demselben Zweck, welche der ersten den Rang abzulaufen drohte, und von der man glaubte, sie würde die Brücke, den Schlussstein eines Hauptverkehrsweges im Inneren der Vorstaaten, zum Vorteil ihres eigenen Staates und der Stadt Chicago und zum Nachteil von St. Louis ausbeuten. Eine langwierige, heftige Fehde entspann sich zwischen den zwei Gesellschaften, und ein unabsehbarer Prozess drohte das Unternehmen in weite Ferne hinauszurücken. Da gelang es, wie es schon öfter bei amerikanischen Unternehmungen in ähnlicher Weise vorgekommen ist, eine Vereinigung der beiderseitigen Interessen herbeizuführen, und die beiden Gesellschaften verschmolzen sich am 19. März 1868 in eine einzige. Die Ausführung des Baues wurde dem Ingenieur Captain James B. Eads übertragen, und derselbe machte sich nun alsbald an das Werk.

Noch vergingen anderthalb Jahre mit den Vorbereitungen jeder Art, bis an der dazu bestimmten Stelle des Stromes selbst mit der Arbeit begonnen werden konnte. Denn ein höchst schwieriger, noch nie in solchem Umfange ausgeführter Teil des Baues war die Errich-

Untere Ebene der westlichen Brückenrampe.

tung der Pfeiler in dem tiefen, reißenden Gewässer, dessen Bett mit einem fast unergründlichen Schlamm bedeckt ist. Drei Bogen sollten den ganzen Strom überspannen, deren mittlerer 160 Meter, die beiden anderen je 150 Meter weit sein sollten. Es waren also vier Pfeiler nötig, zwei am Ufer und zwei im Fluss. Diese zwei letzteren, sowie der Pfeiler am Illinois-Ufer, wurden durch langsame Versenkung ungeheuerer eiserner Caissons aufgeführt, auf denen das Mauerwerk der Pfeiler sich erhob. Der erste derselben wurde am 17. Oktober 1869 von einem Eisenwerk zu Carondelet, einer Vorstadt von St. Louis, auf zwei Schleppdampfer gebracht und an seiner bestimmten Stelle, 150 Meter von der Ostseite des Flusses entfernt aufgestellt, bis am anderen Morgen die Versenkung selbst begann. Derselbe war aus Schmiedeeisen, fünftausend Zentner schwer, 25 Meter lang, 18 Meter weit, 5 ½ Meter hoch und enthielt sieben Luftkammern. 175 Arbeiter waren mit der Versenkung dieses Eisenkastens und dem Aufbau des Pfeilers beschäftigt, bis jener am 1. März 1870 den felsigen Grund des Flusses, 28 Meter tief unter der Oberfläche des Wassers (dem mittleren Wasserstand), erreichte. Freudenschüsse verkündeten der Stadt das bedeutsame Ereignis. Ein großer Teil der Arbeit war während der Nacht vollendet worden, indem zwei Calciumlichter und eine Anzahl Reflektoren das Innere des Werkes erhellten. Ebenso tief ruht auch der andere Flusspfeiler, während der Pfeiler an dem Ufer von Illinois 36 ½ Meter tief unter dem Wasser ruht. Von der Oberfläche des Wassers an wurden sämtliche Pfeiler noch 15 Meter hoch weiter geführt.

Die Versenkung der Caissons selbst nun geschah auf folgende Weise. Dieselben haben die sechseckige längliche Gestalt der auf ihnen ruhenden Steinpfeiler und sind nach unten offen. Sie kamen an der ihnen bestimmten Stelle mit der unteren, offenen Seite auf den Sand und Schlamm im Strom zu ruhen und senkten sich in dem Maße allmählich tiefer, als der Schlamm unter ihnen nach oben

herausgeschafft wurde, und in demselben Maße wurde auch das Mauerwerk auf der Oberfläche der eisernen Caissons allmählich aufgebaut. In der Mitte jedoch wurde eine Öffnung freigelassen und so ein gerade aufwärts führender Schacht mit aufgebaut, in welchem eine Wendeltreppe sich befand und die Arbeiter sowohl als die Besucher bequem nach oben oder unten führte. Andere, kleinere Schächte wurden ebenfalls in dem Mauerwerk offen gelassen, welche zu verschiedenen Zwecken, wie z. B. zum Auspumpen des Sandes nach der Oberfläche, dienten.

Je tiefer die Caissons sanken und je höher auf ihnen das Mauerwerk allmählich stieg, desto gewaltiger wurde der Druck, den sowohl das Mauerwerk von oben, als die Sandmassen von den Seiten her auf die eisernen Gehäuse ausübten. Um diesem Drucke mit der dazu nötigen Kraft entgegenzuwirken, wurde die Luft im Innern der Caissons vermittelst kolossaler Luftpumpen, welche eben-

Straßenebene. Foto: Emil Böhl, 1903.

Zeichnung der Eads Bridge von Camille N. Dry.

falls durch Schächte mit dem Innern in Verbindung standen, fortwährend mehr und mehr verdichtet. In einer Tiefe von 29 Metern unter dem Wasser war ein Druck von drei Atmosphären, das heißt ein dreimal stärkerer als der gewöhnliche Druck der Luft, erforderlich, um dem Drucke von 20 000 Tonnen auf die Oberfläche der Caissons das Gleichgewicht zu halten. Natürlich konnten die Arbeiter diesen Druck nicht sehr lange ertragen und mussten alle zwei Stunden gewechselt werden.

Die Besucher traten zuerst von der Wendeltreppe her durch eine Tür in eine kleine Vorkammer. Darauf wurde, bevor sie durch eine andere Tür in die Luftkammer der Caissons selbst eintreten konnten, durch Öffnung eines Kranes die verdichtete Luft in die Vorkammer hereingelassen. Mancher wurde durch die Gewalt der einströmenden Luft zu Boden geworfen, und das Atmen war bedenklich erschwert. Durch dieselbe Gewalt wurde nun die Tür,

durch welche man eingetreten war, fest verschlossen, dagegen konnte man die andere, welche in das Innere der Caissons führte, jetzt mit Leichtigkeit öffnen. War man vollends hinein, so wurde die verdichtete Luft in der Vorkammer durch ein Ventil nach oben entlassen, und dann konnte die erste Tür, welche zu der Wendeltreppe führte, wieder mit Leichtigkeit geöffnet werden, während jetzt die andere wieder fest verschlossen war.

Nachdem die Caissons auf die beschriebene Weise durch den Sand und Schlamm hindurch bis auf den felsigen Grund des Stromes gelangt waren, wurden sowohl die Luftkammern, das heißt die offenen Räume in denselben, als auch die bisher offen gelassenen, durch das auf ihnen aufgeführte Mauerwerk der Pfeiler führenden großen und kleinen Schächte sämtlich mit einer Mischung von Zement und Stein ausgegossen und

somit waren dann die Pfeiler bis zur Oberfläche des Wassers vollendet. Noch ist nachträglich zu erwähnen, dass das Innere der Caissons mit der Oberwelt auch durch einen Telegrafen in Verbindung gesetzt war, was, nach der Versicherung der Ingenieure, nicht wenig dazu beitrug, dass die Arbeiter mit Mut und Vertrauen sich ihrer schwierigen Aufgabe unterzogen.

Dreierlei Gestein wurde für das Mauerwerk der Pfeiler benutzt. Zuerst der gelbliche Kalkstein von Graston in Illinois (etwa 100 km nördlich von St. Louis, wo der Illinois-Fluss in den Mississippi mündet) von unten herauf bis 70 cm unter dem niedrigsten Stand des Wassers; darauf folgt Granit bis zu einer Höhe von 70 cm über dem höchsten Wasserstand, und zuletzt Sandstein. Die Brückenbogen selbst sind aus einer Anzahl hohler Zylinder von Gussstahl zusammengesetzt und tragen auf eisernen Balken zuerst einen 15 Meter breiten Weg für die Eisenbahnen mit zwei Doppelgleisen und 5½ Meter hoch darüber einen zweiten für das andere Fuhrwerk, 10½ Meter breit, mit je einem Fußweg von 2½ Metern Breite zu beiden Seiten. Die Brücke setzt sich auf dem Land nach beiden Seiten hin mit fünf steinernen Bögen von 8 Metern Weite für den Eisenbahnweg, und über diesem mit zwanzig kleineren Bögen für

Gleisebene

den oberen Weg weiter und geht dann in der Stadt St. Louis in einen Tunnel von gut 1½ km Länge über, der in den großen Zentralbahnhof mündet. Die Länge der ganzen Brücke vom östlichen Ufer an bis zur Einmündung in den Tunnel beträgt 680 Meter. Sie wird von anderen in dieser Hinsicht wohl übertroffen, dagegen ist sie einzig durch die Weite ihrer Bogen und durch die Tiefe ihres Fundamentes. Die Kosten beliefen sich schon im Sommer des vergangenen Jahres auf mehr als sieben Millionen Dollar und werden wohl die Höhe von zehn Millionen erreicht haben.

Unberechenbare Vorteile erwartet man für die Stadt St. Louis von dieser neuen Riesenbrücke. Denn bei jenem

bisherigen Aufschwung dieser Stadt mögen folgende wenige Tatsachen einen Begriff geben. Die Zahl der Eisenwerke und Hochöfen ist seit dem Jahre 1870 von elf auf dreiundvierzig gestiegen. Vierzehn Eisenbahnlinien münden in St. Louis, und acht andere sind teils projektiert, teils schon im Bau begriffen. Die Zahl der großen und prächtigen Mississippi-Dampfer, welche jährlich ein- und auslaufen, beläuft sich auf nicht weniger als dreitausend. Die Bevölkerung der Stadt, welche von 160 000 im Jahre 1860 auf 310 000 im Jahre 1870 gestiegen war, wird jetzt bereits auf 450 000 geschätzt.

Schon vorher war der Anblick der Stadt St. Louis von dem jenseitigen Ufer des Mississippi her ein wenn nicht ge-

ungeheueren Reichtum an Rohmaterial, wie Eisen, Kupfer, Kohlen etc., welcher den Staat Missouri auszeichnet, und der Lage im Mittelpunkte eines weiten Gebiets, dessen Handelswege alle hier zusammenlaufen, ist die dadurch vollbrachte Erleichterung des Verkehrs mit den weitreichendsten Folgen für die materielle Entwickelung dieses Teils der Vereinigten Staaten verknüpft. Von dem

rade schöner, doch gewiss imposanter. Die Flussseiten großer Handelsstädte pflegen selten einladend oder schön auszusehen. Doch die Fahrt über die hohe Brücke, mit der an dem Ufer weithin ausgestreckten Stadt vor sich und dem gewaltigen Strom unter sich, hat jetzt den ersten Eindruck dieser Metropole des Westens zu einem wahrhaft großartigen erhoben.　　• *Dr. J. J. Richter*

Die höchsten Bauwerke der Erde

Die Umschau • 18.1.1908

In Amerika sind Wolkenkratzer von 24 Etagen keine Seltenheit. Da man die Höchstgrenze für solche Aufführungen immer noch nicht erreicht hat, vielmehr die sich entgegenstellenden technischen Schwierigkeiten stets geschickt zu überwinden weiß, so wetteifert man jenseits des Ozeans rastlos darin, neue Riesengebäude mit noch mehr Stockwerken zu errichten, obgleich sie für die Aussicht, Beleuchtung, Lüftung und Sicherheit der umliegenden Straßen recht hinderlich sind. So ist in New York ein Geschäftshaus der Firma Singer in Bau, das nicht weniger als 41 Stockwerke enthalten und eine Höhe von 186 m erreichen soll. Man kann sich vorstellen, welche riesigen Untergrundbauten dabei angewendet werden müssen, um die Widerstandsfähigkeit des Fundaments und des Mauerwerks überhaupt zu erhalten.

Offenbar geht aber das Bestreben der Amerikaner dahin, mit ihren Gebäuden die Höhe der bisher größten Eisenkonstruktion, des Eiffelturms mit 300 m, zu erklimmen.

Bei dem Singerschen Gebäude werden die 41 Stockwerke, gestützt auf vier Winkelpfeiler und einen Zentralturm, übereinander aufgeschichtet. Im Zentralturm ist der Fahrstuhlschacht untergebracht und 16 Fahrstuhlanlagen sind bestimmt den Verkehr in diesem Gebäude, das eine kleine Stadt für sich bildet, zu bewältigen. Durch Geschäftslokale und Wohnungen ist darin Raum für 6000 Angestellte geboten. Die Baukonstruktion ist derart eingerichtet, dass sie die Möglichkeit zum Tragen eines Flächeninhalts von 40 000 m² gibt und ihr Gewicht ist auf 28 000 t berechnet worden.

Vor der Vollendung dieses Bauriesen ist nun geplant worden, diese schwindelnde Höhe noch durch ein anderes Bauwerk zu überflügeln. Die Metropolitan Life Insurance Co. in New York schickt sich eben an, in der Nähe der Madison Square einen Glockenturm aus Marmor und Stahl herstellen zu lassen, der sich gar 200 m über der Erde erheben soll. ❏

Die Reihenfolge der höchsten Bauwerke der Erde wird sich also künftig so stellen:

1. Eiffelturm in Paris: 300 m
2. Metropolitan Insurance Co. in New York: 200 m
3. Geschäftshaus Singer in New York: 186 m
4. Obelisk von Washington: 169 m
5. Mole Antonelliana in Turin: 164 m
   (ursprünglich z. Synagoge bestimmt)
6. Ulmer Dom: 161 m
7. Kölner Dom: 156 m
8. Dom von Rouen: 150 m
9. Cheops-Pyramide in Ägypten: 145 m
10. Straßburger Münster: 142 m
11. Landshuter Dom: 141 m
12. Stephanskirche in Wien: 138 m
13. St. Peterskirche in Rom: 132 m
14. Dom in Freiburg i. Br.: 130 m
15. Park Row Building: 119 m

Der Trisanna-Viadukt an der Arlbergbahn

DER STEIN DER WEISEN • 1891

Unter den in technischer und landschaftlicher Beziehung interessantesten Abschnitten der Arlbergbahn steht die Gegend von Pians obenan. Hier ist die merkwürdigste Stelle des ganzen Sannatals. Gerade dort, wo auf steilaufragendem, bewaldetem Felssockel das alte Gemäuer der Burg Wiesberg – eine der prächtigsten Veduten an der Arlbergbahn – liegt, zweigt sich das Haupttal in zwei Äste aus. Im Angesicht der alten, nun zusammengebrochenen Trutzburg klaffen zwei mächtige Eingangspforten, von welchen das westliche (in der Richtung des Haupttals) zum Arlberg hinaufführt, während das südliche die einsamen, sagenreichen Hochgründe des Paznauntals erschließt. An der Schwelle beider Tore vereinigen sich die zwei Quellflüsse der Sanna: die vom Arlberg, beziehungsweise aus dem Verwalltal herabkommende Rosanna und die aus der dunklen Enge hinter der Burg Wiesberg hervorstürmende Trisanna.

Die Szenerie ist einzig in ihrer Art. Im Hintergrund der Vereinigungsstelle beider Bergwasser steht die unwirtliche Pezinerspitze, durch deren Runsen zu Zeiten furchtbare Lawinen abgehen. Noch höher, weiter nach Westen hin gerückt, erhebt sich das 3153 m hohe Blankahorn mit dem Eismantel, der sich um den vorgelagerten Riffler schlingt. Kein anderer Gletscher tritt so nahe an die Bahn heran, wie dieser. Im wirksamen Gegensatz hierzu stehen die nördlichen Matten und Gehölze, die hochgelegenen Anwesen, die grauweißen Türme des Kalkgebirges unter den weißen Wolken, die über die wilden Jöcher in das Lechtal hinausschweben. Im Osten erspäht man, über all den grünen und felsgrauen Einsenkungen des Ober-Inntals hinweg, die bleiche Pyramide des Tschirgant, die das Tal von Imst überragt.

Das vornehmste Schaustück aber ist die enge Talpforte von Paznaun. Um die Burg Wiesberg führt ein Weg herum, der in der Tiefe das Ufer der wilden Trisanna erreicht, gerade dort, wo die Straßenbrücke über sie hinwegsetzt und das großartigste Bauwerk der Arlbergbahn, der in ungeheuerer Höhe auf zwei schlanken Mauerpfeilern ruhende Viadukt, Tal und Fluss quert. Die Gitterbrücke zwischen beiden Pfeilern hat eine Stützweite von 115 m und liegen die Schienen hier 86 m über der Talsohle. Die beiden Pfeiler sind etwas niedriger, 58 m, da sie in den beiderseitigen Steilhängen der Schlucht fundiert sind. An die Gitterbrücke schließen beiderseits gemauerte Viadukte mit je drei Öffnungen.

In seiner ganzen Großartigkeit zeigt sich dieser kühne Bau erst, wenn man aus dem Tal zu ihm hinausschaut, oder vollends unten zwischen den turmhohen Pfeilen hindurchschreitet und über sich die gewaltige Spannweite der Gitterbrücke hat, die in der Luft zu schweben scheint.

Es kommt aber noch etwas Anderes dazu. Ganz abgesehen davon, dass in Folge der großen Kurve, mittelst welcher die Bahn in das Paznauntal einlenkt, der von Pians kommende Reisende den ganzen Viadukt übersieht – eine wirkungsvolle Einleitung zu der nun folgenden Fahrt über denselben – ist die Aufmerksamkeit des Reisenden ganz und gar von diesem technischen Wunderwerk in Anspruch genommen. Wie groß aber wäre das Erstaunen des in das enge Coupé eingepferchten Reisenden, wenn er das Alles Schritt für Schritt in Augenschein nähme, was die Kunst des Ingenieurs zwischen Pians und der nächsten Station, Strengen, jenseits des Viadukts zu Wege gebracht! Es ist eine alte Erfahrung, dass die Schönheiten und bewunderungswürdigen technischen Einzelheiten einer Gebirgsbahn nie und nimmer von Demjenigen erkannt, beziehungsweise wahrgenommen werden können, der im Zug sitzt. Man muss neben den Schienen hergehen, um einen wirklichen Begriff von der technischen Bedeutung einer solchen Anlage zu erhalten. ❐

Das Viadukt der Arlbergbahn über die Trisanna in Tirol Ende des 19. Jahrhunderts.

Das General-Postamt zu London

PFENNIG MAGAZIN • 30.11.1833

In England wurde das Postwesen erst unter der Regierung Karls I. gestaltet, obgleich etwas der Art früher da gewesen zu sein scheint, da eine Parlamentsakte vom Jahr 1548 als Abgabe auf Postpferde einen Penny die Meile festsetzte. Die Stelle eines Oberpostmeisters von England wird 1581 erwähnt, und die eines Postmeisters für das Ausland im Jahr 1631.

Im Jahr 1635 wurde für England und Schottland eine Briefpost gegründet, und das Briefporto bestimmt. Kurz nach dem Ausbruch des Bürgerkriegs entwarf, wie es scheint, Edmund Prideaur, Generalfiskal, einen regelmäßigen und dem jetzigen Zustand des Postwesens sich mehr nähernden Plan. Er setzte die wöchentliche Fortschaffung der Briefe fest und sicherte dem Publikum die Kosten für den Unterhalt der Postmeister, welche sich auf 7000 Pfd. Sterl. beliefen. Der Gewinn dieser Einrichtung scheint so groß gewesen zu sein, dass er aufseiten der Stadt London den Versuch veranlasste, gleichfalls ein solches Postamt einzurichten; aber das Unterhaus erklärte, dass das Postwesen unter die Verfügungen des Parlaments gehöre.

Im Jahr 1657 wurde ein regelmäßiges Postamt beinahe nach dem vorigen Plan von dem Protektor (Cromwell) und seinem Parlamente eingerichtet, und das damals erhobene Briefporto blieb bis zu der Regierung der Königin Anna unverändert.

Erst nach der Wiederherstellung des Königtums, im Jahr 1660, wurde das Postwesen durch ein Statut genauer geordnet, als die Mitglieder des Unterhauses um das Vorrecht nachsuchten, ihre Briefe unentgeltlich zu befördern, was ihnen auch später bis auf zwei Unzen erteilt wurde, jedoch unter Georg III. viele Beschränkungen erlitt.

Im Jahr 1654 wurde die Post von John Manly für die jährliche Summe von 10 000 Pfund gepachtet, und schon 1665 wurde sie für 21 500 Pfd. an den Herzog von York überlassen; der Ertrag der Post war also in etwas mehr als zehn Jahren auf das Doppelte gestiegen und nahm unter der Regierung Wilhelms und Marias immer mehr zu; in den folgenden acht Jahren des Kriegs war er im Durchschnitt 67 222 Pfd. und in den vier darauf folgenden Friedensjahren betrug er 82 319 Pfd. jährlich.

Bei der Vereinigung Schottlands mit England im Jahr 1710 wurde durch eine Parlamentsakte ein General-Postamt eingesetzt, welches außer Großbritannien und Irland die westindischen und amerikanischen Besitzungen einschloss. Diese Ausdehnung erhöhte den jährlichen Ertrag auf 111 461 Pfd. Sterl. Welchen Anteil an dieser Summe jedes der genannten Länder hatte, ist nicht bekannt; allein man hat Grund zu glauben, dass sie beinahe ganz englisch und irisch war; denn noch in den Jahren zwischen 1730 und 1740 ging die Post zwischen London und Edinburgh nur dreimal die Woche, und ein Mal wurde nach Edinburgh nur ein einziger Brief, an einen dortigen Bankier Namsey, geschickt.

Im Jahr 1784 fand eine merkwürdige Veränderung in der Beförderung der Briefe statt. Bis zu der Zeit hatte man nämlich die Postsäcke auf Karren oder durch reitende Postkerle fortgeschafft; aber in dem genannten Jahr legte John Palmer der Regierung einen Plan vor, der auf Vermehrung der Einkünfte und Bequemlichkeit des Publikums berechnet war. Sein Vorschlag fand Beifall; er wurde dafür mit einer großen Summe Geld belohnt und später zum General-Kontrolleur des Postamtes ernannt. Sein Vorschlag aber war, die noch jetzt gebräuchlichen Briefpostkutschen einzurichten, welche genau um 8 Uhr abends London verlassen, und acht (engl.) Meilen die Stunde, Aufenthalt eingerechnet, fahren sollten, so dass man ihre Ankunft an jedem Ort auf ihrem Weg mit Gewissheit berechnen könne. Es wurde ihnen auch erlaubt, vier Reisende innerhalb des Wagens und vier außerhalb mitzunehmen; denn zu der Zeit waren die Postkutschen für Reisende weit säumiger und nicht so bequem, wie

jetzt. Die erste Briefpost-Kutsche wurde 1784 zu Bristol eingerichtet; von dieser Zeit an zeigte sich das Gedeihen der Post sehr schnell. Die Einkünfte, welche bei deren erster Einrichtung nicht mehr als 5000 Pfd. Sterl. waren, und die nach 2 Jahrhunderten, im Jahr 1783, bloß aus 146 000 Pfd. jährlich stiegen, waren dreißig Jahre darauf beinahe 1 700 000 Pfd. und doch ist das Porto jetzt wohlfeiler, als früher. Der ganze jährliche Betrag ist jetzt ungefähr 2 400 000 Pfd. und der reine Gewinn 1 500 000 Pfd. Sterl.

Das jetzige Gebäude des General-Postamtes ist nach einer Zeichnung Smickas im Jahr 1825 zu bauen angefangen und 1829 beendigt worden. Es ist in griechischem Stil, 120 m lang und 25 m breit; die Grundlage besteht aus Granit, das Gebäude selbst ist von Ziegelstein und gänzlich mit Portland-Stein bekleidet. In der Mitte der Front ist ein Portikus mit sechs Säulen in ionischer Ordnung von Portland-Stein, deren Sockel Granit ist; das Vestibulum, oder die große Halle, die das Zentrum des Gebäudes einnimmt, bildet eine offene Durchfahrt und ist 25 m lang, 18 m breit und hat 16 m Mittelpunkt-Höhe.

Auf der Nordseite dieser Halle sind die Gemächer zur Annahme der Zeitungen und der Briefe des Inlandes und der Schiffe, und hinter diesen weiter nördlich die Zimmer der Sortierer der inländischen Briefe und der Briefträger. Die Pakete werden an der östlichen Seite empfangen, wo auch die Geschäftsstuben für Westindien, der Kontrolleure und für die Briefpostkutschen sich befinden.

Auf der Südseite der Halle sind die Gemächer für die auswärtigen Geschäfte, der General-Einnehmer und Buchhalter. An dem östlichen Ende der Halle ist das Zweipenny-Postamt, wo die Briefe angenommen werden, und die Zimmer der Sortierer und Briefträger. Um diejenigen Briefe aus einem Zimmer ins andere zu schaffen, welche in einen unrechten Geschäftskreis gekommen waren, werden sie auf kleine Wagen unter dem Pflaster der Halle geworfen, welche vermittelst einer Maschine ihren Weg unter der Erde machen.

In den oberen Stockwerken sind die Wohnungen der Schreiber in den auswärtigen Geschäften, welche bei der Ankunft der Briefe ihre Geschäfte zu verrichten haben. Das untere Stockwerk ist durch Ziegelgewölbe feuerfest gemacht. Hier sind die Zimmer der Schaffner, ein Waffenzimmer und die Wohnungen der Bedienten. Es gibt daselbst eine sinnreich eingerichtete Maschine, um Steinkohlen nach diesem oder jenem Stockwerk zu bringen, und ein einfaches Mittel, um bei einem Feuerausbruch Wasser nach einem jeden Teil des Gebäudes zu schaffen. Das ganze Gebäude wird mit Gas erleuchtet und enthält an tausend Lampen.

Aus einer im Monat Mai 1828 gemachten Zählung erhellt, dass die Durchschnittszahl der täglich in 24 Postsäcken in London ankommenden Briefe 28 466 ist, was 170 802 die Woche und 8 881 704 das Jahr ausmacht.

Folgende Maßregel zum Vorteil der Manufakturisten und Kaufleute ist vielleicht nicht allgemein bekannt. Jedes Packchen mit Proben oder Mustern von Waren, welches nicht eine Unze übersteigt, trägt nur das Porto eines einfachen Briefes, wenn es an den Seiten offen ist und nur ein Schreiben enthält, das die Namen der fortschickenden Person und ihres Aufenthaltsorts und den Wert der Artikel angibt.

Die Zweipenny, oder zuerst Penny-Post genannt, nahm 1683 durch eine Privatperson, zur Beförderung von Briefen und kleinen Päckchen, ihren Anfang, wurde aber nachher von der Regierung zur allgemeinen Post gezogen. – Durch diese Post kann jeder Brief oder jedes Päckchen, das nicht über vier Unzen schwer ist, nach jedem Ort innerhalb drei Meilen vom General-Postamt für zwei Penny befördert werden. Nach einem Ort über diese Entfernung hinaus, und nicht in der Liste der zur allgemeinen Post gehörigen Orte befindlich, ist die Taxe drei Pence. Die Anzahl der täglich durch die Zweipenny-Post beförderten Briefe ist ungefähr 40 000, oder 12 529 000 das Jahr; zählt man die durch das allgemeine Postamt beförderten Briefe hinzu, so ist die jährliche Anzahl 21 510 704, oder 413 000 die Woche. Die Anzahl der jährlich durch das Postamt zu Paris beförderten Briefe ist ungefähr 14 500 000, von welchen etwa 4 250 000 aus den Departements kommen.

Es ist bemerkenswert, dass selten eine Anstalt so viel Vorteil, wie die Post, gewährt. Zwar ist ihre Nützlichkeit, nicht zu sagen ihre Notwendigkeit, in Handelsgeschäften zu offenbar, um einen Zweifel zuzulassen, und ihr Beistand, den sie den politischen Verhandlungen verleiht, ist nicht weniger augenscheinlich; aber im beschränkten und niedrigen Kreisen des gesellschaftlichen Lebens ist es vorzüglich, wo sie mit einer selten genügsam anerkannten Freigebigkeit Trost und Freude verbreitet. ❐

Die Seufzerbrücke

PFENNIG MAGAZIN 1.6.1833

Es gibt nicht leicht eine berühmtere Brücke, als die Seufzerbrücke, Ponto dei Sospiri, in Venedig. Es gibt aber dessen ungeachtet wohl auch keine Unansehnlichere. Sie ist kaum eine Brücke zu nennen, denn ihre Gestalt kommt mehr einem großen Gepäckwagen gleich, da sie von allen Seiten verschlossen, überwölbt und nicht einmal mit einem Fenster oder einem Luftloch versehen ist. Wodurch ward sie denn nun so berühmt oder be-

rüchtigt? Weil von Hunderten, die über sie wanderten, selten einer ohne Tränen, ohne Seufzer, ohne Klagen diesen Weg ging, weil so viele, die von außen sie erblickten, nicht ohne Schaudern und Seufzen das Auge wieder wegwendeten. Seit Jahrhunderten war sie der Schrecken der Staatsgefangenen, die in den Kerkern, welche dem Dogenpalast gegenüberliegen, ihrem Schicksale entgegen sahen. Meistens endete dies mit dem Tod, zu welchem das furchtbare Gericht der Zehn sie verdammte. Wenn sie vor demselben erscheinen sollten, holte man sie aus ihrem Gefängnis ab, führte sie über diese Brücke in den Dogenpalast, und gewöhnlich kehrte niemand zurück. Die Vollziehung des Urteils folgte dem Ausspruch der Zehn fast auf dem Fuß. Auch jetzt noch ist diese Brücke mit Recht eine Seufzerbrücke zu nennen. Gibt es auch keinen Dogen, kein Gericht der Zehn mehr in Venedig, so findet man doch noch den Dogenpalast und die Kerker ihm gegenüber und ein hohes Tribunal dort, so wie fast stets Gefangene hier, welche dann eben so wie sonst über die Seufzerbrücke vor den Richter gebracht werden, ihr oft hartes Urteil zu vernehmen. ❒

Die Monsterbrücke zwischen England und Frankreich

DIE GARTENLAUBE 1869

Das kolossale Projekt einer Eisenbahnbrücke zwischen England und Frankreich ist vielfach als ein ebenso großer Humbug bezeichnet worden; gegen solche Anschauung aber wird von Seiten der Unternehmergesellschaft lebhaft protestiert und die Gesundheit und Reellität des Unternehmens verteidigt. Man beruft sich darauf, dass die bedeutendsten Sachverständigen beider Länder den Plan gebilligt und für wohl ausführbar erklärt haben; dass die viertausend Pfund, welche zur Herstellung eines in der Ausführung begriffenen großen Modells zusammengesteuert worden, zum guten Teil von Fachleuten gegeben sind; endlich, dass das Unternehmen fortdauernd die hohe Protektion des französischen Kaisers genieße. Die Brücke soll nach einer neuerlichen Abänderung des Planes dreißig Bogen erhalten, die Pfeiler werden nicht aufgemauert, sondern ein jeder wird aus einer Anzahl eiserner Hohlzylinder bestehen, einer Gruppe von Riesensäulen, die durch Zwischenwerk unter sich verbunden sind, übrigens aber isoliert stehen und den Wogen und Winden freien Durchgang gestatten. Bei der Höhe der ansehnlichsten Kirchtürme und den angenommenen Stärkedimensionen aller Teile wird der Bau ein Gewicht und eine Widerstandsfähigkeit haben, welche laut Rechnung die Kraft der stärksten Orkane um das Sechsunddreißigfache überbieten soll. ❐

Bestimmungen über die Anlage von Röhren und Leitungen unter dem Straßenpflaster in Berlin

Zentralblatt der Bauverwaltung   *5.11.1881*
Um den argen Missständen zu begegnen, welche aus dem so häufigen, oft in kurzen Zwischenräumen an denselben Stellen stattfindenden Aufbrechen des Pflasters entstehen, ist erfreulicherweise ein Abkommen zwischen der städtischen Straßen-Bauverwaltung und den Verwaltungen der Kanalisation, Wasser- und Gasleitung sowie der Telegrafen- und Rohrpostleitungen zustande gekommen, wonach die einzelnen Verwaltungen alljährlich und außerdem in monatlichen Zeiträumen Anzeige von den geplanten Arbeiten auf den Straßen machen werden. Ferner sollen regelmäßig wiederkehrende Konferenzen stattfinden zur Regelung des Ineinandergreifens der betreffenden Arbeiten usw. Gleichzeitig ist vereinbart worden, dass in Zukunft bei Neuanlagen die Röhren und Leitungen der einzelnen Verwaltungen nur einen bestimmten Streifen der Straße in Anspruch nehmen dürfen, und zwar sind bestimmt:

1. die ersten 2,0 m des Fußwegs von der Baufluchtlinie ab gerechnet für die Kabel und Röhren der Telegrafen,
2. der dritte Meter für die Gasröhren,
3. der Raum von 3,0 – 4,7 m für die dort etwa zu verlegenden Kanalisationsröhren,
4. der Raum von 4,7 – 5,3 m für die Wasserröhren,
5. der dann anschließende Raum für die etwa unter dem Straßendamm erforderlichen gröberen Kanalisationsröhren. ❐

Ein Naturtunnel

Prometheus   *4.10.1893*
Von Glück kann die South Atlantic and Ohio-Bahn sagen. Die Erbauer derselben stießen, nach Engineering News, auf einen 255 m langen Naturtunnel, durch welchen die Erbohrung eines Stollens durch einen den Weg versperrenden Ausläufer des Powell Mountain überflüssig gemacht wurde. Es bedurfte nur des Ebnens des Bodens der Höhle, welche von einem Bach durchflossen wird. Die Wände des Naturtunnels sind nahezu senkrecht, und er hat stellenweise eine Höhe von 100 m, was natürlich nichts schadet – im Gegenteil, die Reisenden werden durch den Rauch nicht belästigt. ❐

Verkehr

Zahnradbahn auf den Drachenfels am Rhein.
Die 1883 eröffnete Drachenfelsbahn verbindet Königswinter mit dem
Drachenfels-Gipfel. Dabei überwindet sie 220 Höhenmeter auf einer
Streckenlänge von 1520 Metern. Xylographie nach R. Lichtenberg von 1883.

Rigibahn: Wintersport 1909.
Illustration von Anton Reckziegel (1865 – 1936).

Die Rigibahn

Ein Werk des Friedens

DIE GARTENLAUBE • 1870

Wer die Schweiz schon besucht hat, kennt den wegen seiner herrlichen, weitumfassenden Aussicht hochberühmten Rigi. Beinahe in der Mitte der Schweiz erhebt er sich bis zu 1798 m als ein von allen Seiten frei stehender Berg, auf seiner westlichen Seite bespült von dem so majestätisch hingebreiteten, dampfbootbefahrenen Vierwaldstättersee. Auf seinen üppigen Alpentriften weiden im Sommer an dreitausend Kühe und zahlreiche Herden von Schafen und Ziegen, einhundertundfünfzig Sennhütten liegen zerstreut umher und zahlreiche Wege führen hinauf bis zum höchsten Gipfel, dem Kulm, der, wie weltbekannt, sowohl des Abends bei Sonnenuntergang, als in der Frühe vor und nach Sonnenaufgang, eine Aussicht bietet, die außerordentlich, ja einzig ist.

Unter diesen Wegen sind einzelne, deren Steilheit wirklich nicht bedeutend genannt werden kann, wenn auch bisweilen fast einen Meter hohe Felsenstufen erstiegen werden müssen. Trotzdem werden nicht wenige von den 50 000 Fremden, welche alljährlich den Rigi zu besuchen kommen mit Freuden von einem Unternehmen hören, welches schon von Beginn dieses Herbstes an jedem Rigifahrer zugutekommen wird, für die Zukunft aber geradezu von größter Tragweite ist. Drei schweizerische Ingenieure sind es, der Oberst Adolph Näff in St. Gallen, N. Riggenbach in Olten und Olivier Zschokke in Aarau, deren Scharfsinn und Ausdauer man die Rigibahn verdankt und diese selbst, deren Möglichkeit so lange bezweifelt und geschmäht worden war, in Augenschein zu nehmen, machte ich mich an einem schönen Morgen von Vitznau aus, einem stillen freundlichen Dörfchen am rechten Ufer des Vierwaldstättersee, auf den Weg.

Einige Minuten die Straße hinauf, und ich befand mich vor dem noch im Bau begriffenen Bahnhof. Ein kleines, aber schmuck aussehendes Haus, im Genre der Schweizerhäuschen, doch ohne die zierliche Schnitzarbeit derselben. Neben dem Wartesaal das Zimmer des Billeteurs, der Bahnbeamten etc.; im Ganzen wenig Interessantes bietend. Gleich einige zwanzig Schritte davon steht der Schuppen für Lokomotive und Waggons. Zwischen den beiden Gebäuden liegt die Drehscheibe, welche die Lokomotive auf die hier einmündende Linie bringt.

Von da aus trat ich nun meinen Marsch an; von Schwelle zu Schwelle, wie auf einer Treppe, emporsteigend. Im Anfange geht es eine Strecke ziemlich gerade fort und ohne besondere Steigung, so dass ich alle Muße fand, der Schienenlegung meine volle Aufmerksamkeit zuzuwenden.

Über die kaum 60 cm voneinander entfernten eichenen Schwellen gehen zu beiden Seiten mit diesen zusammengefügte Balken die ganze Bahnstrecke entlang, so dass die Schienen förmlich auf einem Rost ruhen. Es liegt auf der

Hand, dass dieses System angewandt werden musste, um jeder Verschiebung, namentlich dem Herunterrutschen, vorzubeugen, und gewiss ist der Zweck dadurch vollständig erreicht. Wäre je eine Weichung möglich gewesen, so müsste sie gewiss schon jetzt zutage getreten sein, denn die Lokomotive hat während des Baues der Bahn so schwere Transporte (Baumaterial) hinauf befördert, wie sie vielleicht nie mehr vorkommen.

In Mitte der Schienen liegt die feste, massive Zahnstange, in welche das Zahnrad eingreifen muss. Wie die Zahnstange aus geschmiedetem Eisen, so sind deren einzelne eingenietete Zapfen der Solidität wegen aus Gussstahl. Diese Schiene ist das einzige wesentlich Abweichende von einer gewöhnlichen

Bahnlinie, und es erhellt daraus sofort, dass wir es mit dem bekannten amerikanischen Bergbahnsystem zu tun haben, das sich nicht nur als praktisch anwendbar, sondern auch als sehr solid bewiesen hat, abgesehen davon, dass seine Herstellung nicht unverhältnismäßig teuer zu stehen kommt.

Gleich oberhalb Vitznau schlägt sich die Bahn in scharfer Steigung, die sich bis zum Tunnel gleich bleibt, an den Berg, den sogenannten Vitznauer, stark hin und fordert hier den ersten Schnitt in die Nagelfluh des Bergkolosses. Die erste Schwierigkeit des Baus tritt zutage; oft reichten Böschungen nicht hin, und es mussten hohe Versicherungen angebracht werden, da das Terrain plötzlich ganz abfällt, einen steilen Abhang bildend oder eine tiefe Kluft öffnend. Die Felsensprengungen, die hier vorgenommen werden mussten, haben manchen schönen Kastanienbaum im Tal geknickt oder verstümmelt, und sie blicken traurig herauf auf das Werk der Menschenhände, hinauf an die zum Himmel aufstrebenden Felsen, in deren Schutz sie so manche Jahre friedlich grünten und blühten.

Je weiter hinauf ich steige, desto mehr fesselt die ganze Anlage der Bahn mein Interesse; ich habe noch nie eine Strecke gesehen, die so viel Abwechselung des Baus in so geringer Ausdehnung darbot. Hier musste ein hoher Damm angelegt werden, dort ein Einschnitt in die Felsen, eine Versicherung, eine Böschung, eine Brücke, und daneben – welch eine prachtvolle Natur, welche bezaubernde Aussicht! Und je höher ich emporklimme, desto schöner, reicher, gewaltiger.

Die Bahn führt eine kurze Strecke durch einen Wald, und wie man wieder herauskommt, liegt das prächtigste Panorama vor uns ausgebreitet. Zu unseren Füßen das freundliche Vitznau, eine lange Strecke herrlicher Obstwald; darüber hinaus der Vierwaldstättersee; sein Spiegel kost mit der Sonne und wirft ihre Strahlen blitzend herauf. Ein Dampfschiff zieht einsam darüber hin und trägt seine Last hinauf gegen Gersau und Brunnen, hinab gegen Stans-

Am Ausgangspunkt der Rigibahn bei Vitznau.

stad, Hergiswyl. Der Bürgenstock steigt düster heraus aus dem See und über ihn herein blicken die stolzen Häupter der Berneralpen, die Jungfrau, der Eiger, die Wetterhörner etc., weiter links der Uri-Rotstock, der Titlis und wie sie alle heißen, diese gewaltigen Gebilde der Vorzeit, die Träger des ewigen Schnees, glühend beim ersten Kuss der Sonne, purpurn bei ihrem scheidenden Strahl. Die Reihe schließend steht der groteske Pilatus, ernst, beinahe schaurig. Er wirft seinen Schatten tief in den See und reckt seine Spitze hinauf in die Wolken. Der Pilatus ist der Freund dieser Luftgebilde. Der erste, der sich bei schlechtem Wetter in Nebel mummt, trägt er beim schönsten Wetter seinen Hut, wie eben jetzt. Wie manche schöne Sage knüpft sich an diesen stolzen, majestätischen Bergriesen; schon seinen Namen dankt er einer solchen. Der römische Landpfleger Pilatus, der Jesus dem Volke ausgeliefert, soll sich auf diesem Berge in einen See gestürzt haben aus Verzweiflung über seine Schwäche und noch jetzt muss er bei Donner und Blitz aus der Tiefe tauchen, ein Schreckensbild. – Von diesem Mann soll der Berg seinen Namen haben.

So blickt man hinaus in die herrliche Landschaft und kann nicht satt werden. Ich weiß nicht, wie lange ich gestanden habe, als mich plötzlich der Pfiff einer Lokomotive emporschreckte.

Der Bahnzug kommt von oben herab; da ist aber keiner Gefahr auszuweichen; er läuft nicht schneller, als ein Pferd trabt, und dies ist seine gewöhnliche Geschwindigkeit. Er kommt immer näher und näher. Plötzlich, mit einem Ruck hält er an; ein Mann springt vom Wagen auf mich zu; es ist der Baufüh-

rer, mein Studienfreund. Er hatte mich erkannt, und da weiter keine Passagiere da waren, ließ er anhalten, und nun bot sich die beste Gelegenheit zur Besichtigung der Lokomotive sowohl wie des Waggons.

Einen sonderbaren Eindruck macht die Lokomotive mit ihrem aufrechtstehenden Kessel, der in dieser Weise angebracht werden musste, um den Spiegel des Wassers überall in gleicher Höhe zu

Die Brücke der Rigibahn.

halten, was bei einem wagerecht stehenden Kessel nicht möglich wäre. Um dies noch besser zu erreichen, ist der Kessel so gebaut, dass er bei der Steigung der Linie senkrecht steht, auf ebenem Boden folglich schief rückwärts.

An die Stelle des Schwungrades treten mit einer Übersetzung die beiden Kammräder, welche in die Zahnstange eingreifen. Die Furcht, dass bei Ausbrechen eines Zahnes ein Unglück entstehen könnte, ist völlig unbegründet, denn es treten beinahe zu gleicher Zeit deren drei in die Stange, so dass bei vorkommendem Falle das ganze Unglück höchstens in einem unbedeutenden Ruck bestehen könnte. Zu dem kommt als wesentlich hinzu die vortreffliche Bremsvorrichtung, mittelst welcher der Zug sofort angehalten werden kann. Es mag hier am Platz sein, alle anderen Maßnahmen für die Sicherheit des Fah-

rens anzuführen, um jedes Vorurteil und mit ihm jede Furcht zu beseitigen.

Die angeführte Bremsvorrichtung, Hebelsystem, ist nicht nur bei der Lokomotive, sondern auch bei jedem einzelnen Wagen angebracht, und da die Waggons nie zusammengekoppelt sind, kann also jeder einzelne Waggon leicht und der einzig denkbare wäre, dass ein Felsstück herabrollte oder sich ein kleinerer Stein in die Linie wälzte, der den Übersetzungsrädern des Schwungrades Schaden zufügen könnte. Aber abgesehen davon, dass die Bahn während des Betriebes fleißig inspiriert wird, kann dergleichen bei einiger Aufmerksamkeit

Bahnhof Vitznau.

angehalten werden, was von besonderer Wichtigkeit beim Hinunterfahren ist. Beim Hinauffahren ist die Lokomotive stets hinten, so dass die Wagen nicht gezogen, sondern geschoben werden, eine Anordnung, die von der großen Umsicht zeugt, mit der hier zu Werke gegangen wurde. Mein Freund erklärte mir, dass in der langen Zeit, in welcher die Bahn schon gebraucht worden, auch nicht der geringste Unfall vorgekommen sei, des Lokomotivpersonals wirklich nicht vorkommen, da der Zug sich stets in der Gewalt des letzteren befindet und rasch genug stillgehalten werden kann, das Hindernis zu beseitigen oder die Gefahr vorübergehen zu lassen.

Die Waggons, welche, um auf der Linie wagerecht mit ihren Sitzen zu stehen, über den Rädern eine keilförmige

Unterlage haben, sind ebenfalls abweichend von denjenigen anderer Bahnen; es sind Omnibusse mit je einundachtzig Plätzen, fünfundvierzig im ersten und sechsunddreißig im zweiten Stock. Die letzteren werden wahrscheinlich bei schönem Wetter und von keckeren Touristen benutzt werden, da sie ohne

zurückgelegt, als die Bahn eine scharfe Biegung machte; links dunkle, bewaldete Abgründe, rechts groteske Gebirgswelt, vor mir der etwa 45 m lange Tunnel durch einen gewaltigen Nagelfluhfelsen. Wie man aus dem Tunnel heraustritt, schießt der Felsen beinahe senkrecht ab und fällt bis zu einer Tiefe von mindes-

Zahnrad-Dampflok.

Verdeck und eben deswegen ein allerliebster Luginsland sind; das muss ein köstlicher Genuss sein, so hinauf- oder hinunterzufahren. Trotz der Einladung meines Freundes aber versagte ich mir denselben, da ich noch weiter die Bahnstrecke hinauf wandern wollte.

»Wir treffen uns wieder«, rief er mir nach; der Zug rollte bergab und ich setzte meinen Stock ein bergauf.

Ich hatte wenig über fünfzig Schritte

tens 30 – 40 m. Oben steigt er allmählich himmelhoch hinauf, in glatten grauen Wänden, die schaurige Grubisfluh. Unten durch schießt schäumend ein Bach und wälzt sich brausend an dem Rande dieses gewaltigen Kessels hin, der eine Überbrückung erhalten hatte, wie sie von gleicher Schönheit kaum ein zweiter Viadukt aufweisen dürfte.

Auf zwei Gitterpfeilern schwingt sich die 77 m lange Brücke über den Abgrund in einem kühnen Bogen auf das jenseitige Widerlager, um dort, rasch steigend, allmählich wieder aus der Schlangenwindung herauszukommen. Das diesseitige Widerlager ist der Felsen. Die Brücke sieht sich von weitem etwas beängstigend an; namentlich, wenn der Zug darüber geht, glaubt man jeden

Augenblick, sie müsse unter der Last zusammenbrechen; aber so leicht sie auch scheint, so solide, so gut bewährt sie sich, und es ist kaum denkbar, dass der Winter von schädlichem Einfluss auf dieses Gitterwerk sein wird.

Die Aussicht von der Brücke ist überraschend schön; im Hintergrund die himmelstürmenden Felsen, unter sich der tobende Bach, die finsteren Tannen, weiter hinab saftige Wiesen, schattige Obstbaumwälder, darüber hinaus der blitzende See, der majestätische Pilatus. Der majestätische Anblick ist um so überraschender, als der Gesichtskreis kurz vorher ein sehr beengter war.

Ich steige immer weiter auf dem Bahnkörper; oberhalb der Brücke nimmt die Steigung ab; bis zum Tunnel betrug sie nicht weniger als 25 %, jetzt ist dieselbe im Durchschnitt 21 – 22 %. Mit der Abnahme der Steigung wird auch der Bau weniger schwierig, obschon noch hier und da eine Brücke über einer tiefen Kluft sich wölbt, oder der Linie eine Galerie gesprengt werden musste. Es ist das Gebiet der Alpen, welches nun beginnt, eine weiche Erdschicht tritt zutage und das Geröll und Gestein, von dem sich weiter unten die Hülle und Fülle bot, war hier gut zu verwenden.

Das Kaltbad ist erreicht; noch etwas darüber hinaus, bis ungefähr zur Höhe des sogenannten Staffels zieht sich die Linie fort und findet dort, wo alle Wege, die auf den noch einiges höheren Kulm führen, zusammentreffen, ihren Abschluss. Ein Stationsgebäude erhebt sich und der Passagier hat den ersten berühmten Aussichtspunkt des Rigi erreicht. Ich ließ mir eine Erfrischung geben, sah mich schnell um unter all den fremden Gesichtern, welche, die Augen im Berlepsch, die prächtige Aussicht bewunderten, und setzte dann meinen Fuß wieder rückwärts, gleichen Weges, den ich gekommen. Wie ungleich ruhiger lässt sich da die Landschaft genießen, wie wohl fühlt und hebt sich die Brust, wenn man so hineinwandert, entgegengeht all dem Herrlichen, das sich dem Auge darbietet! In kurzer Zeit war ich wieder bei der Brücke angelangt. Im Tunnel dampfte die Lokomotive, die inzwischen wieder heraufgekeucht war; nun war es mir sehr lieb, eine Fahrt mitmachen und namentlich das so sehr gefürchtete Herabfahren wagen zu können. Ich stieg ein; die Lokomotive setzte sich in Bewegung, der Waggon rollte nach; das ging so ruhig wie in einer Kalesche auf schöner Landstraße. Als ich ausstieg, brauchte ich nicht erst zu untersuchen, ob die Achseln noch da seien, eine Prüfung, die man bei unseren Eisenbahnen oft genug zu machen gezwungen ist. Die Geschwindigkeit, mit der sich die Maschine fortbewegt, ist freilich keine rasende; ein recht guter Läufer wäre imstande mit ihr Schritt zu halten, natürlich nur bergab. Dies erhellt schon daraus, dass sie, um die etwa 6800 m Länge der Bahn zu durchlaufen, eine Stunde Zeit verlangt, wie wenigstens für den Fahrplan vorgesehen ist. Regelmäßige Fahrten wird die Bahn während der Saison täglich höchstens drei haben, jedoch weitere nach Bedürfnis anordnen. Dass sie auf zahlreichen Zuspruch rechnen darf, ist wohl sicher, und sie hat es auch nötig, denn die Kosten ihrer Herstellung erreichen die schöne Summe von 1 250 000 Franken.

Dass die Bahn dem Berge als solchem die Poesie raube, ist eine Behauptung, die jeden Haltes entbehrt; es wird we-

der das Eine noch das Andere, das bisher charakteristisch für den Rigi war, dadurch verdrängt werden; jedenfalls dürfte sie nur ein Mittel sein, ein noch geschäftigeres Durcheinander zu veranlassen. So werden die Schwarzseher bald verstummen müssen und man wird dem Unternehmen ein herzliches »Glück auf!« zurufen.

• J. Nötzli

Die Schnurtobelbrücke.

Neue Bergbahnen in den Ostalpen

DER STEIN DER WEISEN • 1891

In den letzten Jahren sind in den Ostalpen zwei neue Bergbahnen fertiggestellt worden, welche – von ihrem touristischen Wert ganz abgesehen – in mehrfacher Beziehung technisch sehr interessant sind. Es handelt sich hier um die Zahnradbahn auf den Gaisberg bei Salzburg und um die Bergbahn ›gemischten Systems‹, welche die Unter-Inntalbahn mit dem Achensee verbindet.

Zahnradbahn auf den Gaisberg

Der Gaisberg, obwohl der niedrigste unter den Aussichtsgipfeln – er erhebt sich nur bis zu 1286 m über den Meeresspiegel – welche sich den Ruhm eines ›Rigi der Qstalpen‹ streitig machen, genoss seit jeher den Ruf einer bequem zugänglichen, dabei eine herrliche Rundsicht gestattenden Hochwarte. Gleich dem Schafberge, der Schmittenhöhe, der Hohen Salve, dem Kitzsteinhorn, dem Dobratsch usw. steht auch auf dem Gaisberg eine Gaststätte, zu der sich früher oder später ein noch größeres und komfortableres Heim gesellen wird.

Bekanntlich waren es die schweizerischen Techniker Riggenbach und Zschokke, welche zuerst das Konstruktionsprinzip der sogenannten Zahnradbahnen anregten und damit in der gesamten technischen Welt gewaltiges Aufsehen erregten. Das System fand bereits wenige Jahre später (1871) bei der Anlage des Schienenweges auf den Rigi Anwendung. Die technischen Details dieses Systems dürften wohl allgemein bekannt sein. Die Bahn hat ein gewöhnliches Eisenbahngleis und zwischen beiden Schienensträngen einen dritten, die sogenannte ›Zahnstange‹, welche dazu bestimmt ist, das Zahn- und Triebrad der eigens für dieses Betriebssystem konstruierten Gebirgslokomotive aufzunehmen und dieser die sicheren und kontinuierlichen Stützpunkte zu bieten, um sich bergwärts emporzuarbeiten oder den Zug mit mäßiger Geschwindigkeit talabwärts zu führen. Die äußeren, zur Aufnahme der Laufräder bestimmten Schienen sind auf Querschwellen befestigt und diese durch Langschwellen gefasst. Die Zahnstange liegt nur auf den Querschwellen, und zwar in deren Mitte.

Schon bei Inbetriebnahme der Zahnradbahnen erkannte man, dass das System in Bezug auf Anlage und Betrieb von so eminenter Sicherheit sei, dass in ihm unbestreitbar die Elemente einer bedeutungsvollen eisenbahntechnischen Verkehrsform liegen, deren rationelle Entwickelung der Zukunft vorbehalten werden musste. In der Tat sind mit der Zeit außerordentliche Verbesserungen erzielt worden. Die Gaisbergbahn kann

Partie von der Gaisberg-
bahn: Der große Einschnitt.

diesfalls als der Typus der bisher erreichten Vervollkommnung des Systems angesehen werden, insbesondere in Bezug auf die Einrichtung der Lokomotiven. Es wird nämlich nur bei der Bergfahrt mit Dampf gefahren, während bei der Talfahrt komprimierte Luft in Anwendung kommt. Zu diesem Ende wird der Zutritt des Dampfes in die Zylinder abgesperrt und durch die Bewegung der Kolben in diese letzteren Luft gepresst und wieder ausgestoßen. Da durch eine entsprechende Vorrichtung die herausgepresste Luft auf erheblichen Widerstand stößt,

ergibt sich die Möglichkeit, den Motor völlig zu beherrschen und die jeweilig erwünschte Geschwindigkeit genau zu regulieren.

Weitere Verbesserungen sind die ausgezeichneten Bremsvorrichtungen, vermöge welchen der Betrieb von fast absoluter Sicherheit ist, so weit eben menschliches Vermögen einen solchen Grad von Sicherheit bieten kann. Die Lokomotive hat drei Bremsen, von welchen jene, welche der Lokomotivführer handhabt, auf die Kurbelachse, die vom Heizer bediente auf die Laufachse und die Luftbremse endlich auf das Zahnrad wirkt. Auch die Wagen besitzen eine vortrefflich funktionierende Bremsvorrichtung, welche es ermöglicht, den voll besetzten Wagen selbst im größten Gefälle sofort zum Stillstand zu bringen. Bergwärts werden die Wagen von der Lokomotive geschoben, talwärts aufgehalten. Die Wagen sind an die Lokomotive nicht angekuppelt.

Die Gaisbergbahn hat eine Länge von 5,3 km, welche in der Bergfahrt in 45 Minuten, in der Talfahrt in 51 Minuten zurückgelegt werden. Von den 5300 m der Gesamtlänge liegen 1800 m in der größten Steigung von 25 % (1:4). Die Bahn hat 1 m Spurweite; die zu ersteigende Höhe beträgt 848 m.

Im ersten Abschnitt, bis zur Haltestelle Judenbergalpe, hatte der Bahnbau mit gefährlichem Rutschterrain zu kämpfen, und mussten deshalb umfangreiche Schutzbauten (Terrassierungen und Sickerwerke) angelegt werden. Höher oben durchschneidet die Bahn festen Kalkboden und es wurde hier unter anderem ein 500 m langer, im Mittel 10 m tiefer Einschnitt in die Felsen gebrochen, der sich oberhalb der Haltestelle Zistelalpe befindet. Durch diesen Einschnitt und in weitem Bogen windet sich der Schienenweg zur Gipfelstation empor. Die Gaisbergbahn wurde zum größten Teil während des Winters von 1886 auf 1887 erbaut, eine Leistung, welche in erster Linie der Tatkraft und Umsicht des Erbauers, Ingenieur Schroeder, zu danken ist. Es war ein Novum außergewöhnlicher Art, im Hochgebirge im Kampfe mit Eis und Schnee, einen Schienenweg von tadelloser Konstruktion herzustellen.

Achenseer Bergbahn

Die Achenseer Bergbahn ist in technischer Beziehung deshalb bemerkenswert, weil hier zum ersten Male im Bereiche der Ostalpen das sogenannte ›gemischte System‹ zur Anwendung kam, d. h. die Verquickung einer gewöhnlichen Adhäsionsbahn mit einer Zahnradbahn. Das leitende Prinzip ist, dass das eine System vollkommen außer Tätigkeit tritt, wenn das andere zu funktionieren beginnt. In den steilen Strecken greift das Zahnrad der Lokomotive in die Zahnstange ein und arbeitet sich in der bekannten Weise empor; die ebenen oder schwach geneigten Stellen entbehren der Zahnstange und hier tritt das Zahnrad außer Funktion, indem die Lokomotive die Arbeit einer gewöhnlichen Adhäsionslokomotive leistet. Von der 6,3 km langen Achenseebahn ist die Hälfte Zahnradbahn, die andere Hälfte Adhäsionsbahn. Der Erbauer dieser Bahn, Ingenieur Schroeder, ist derselbe, welcher der Berglokomotive den Zugang auf die Gaisbergspitze bei Salzburg eröffnet hat. Die Spurweite beträgt 1 m. Die Erdbewegung war eine ganz erhebliche; außerdem mussten auf weite Strecken Futterund Stützmauern aufgeführt werden. Trotzdem war die Bahn im Großen und Ganzen in nicht ganz sechs Monaten, die noch obendrein in das Winterhalbjahr fielen, fertiggestellt. Die Talfahrt erfordert drei Viertelstunden, die Bergfahrt einige Minuten weniger. Die Züge verkehren im Anschluss an jene der Hauptbahn bei Jenbach. In der Achenseestation erwartet der Dampfer die Ankommenden.

Die Achenseebahn:
Partie bei Fischl.

Wer die Tour nach dem Achensee mit der Bahn noch nicht unternommen hat und nur den alten Marterkarren in schmerzlicher Erinnerung hat, wird sich schwerlich einen Begriff machen, was die jetzige Verkehrsart mit sich bringt. Es ist keine Fahrt: Es ist ein Aufwärtsschweben in den kühlen Bereich der Tannen und rauschenden Wasser, aus deren ungeberdigem Rumoren die Hammerschläge der Schmieden herausdröhnen. Es sind die Sensenwerke, die an den Schaumstürzen des Kasbaches stehen. Grüne Grasmatten geben den Rahmen zu diesem Bilde. Dem Rückblick ins Inntal erschließt sich ein Gesichtskreis, der weniger durch Weitläufigkeit als vielmehr durch anmutige Gestaltung die Aufmerksamkeit erregt. Schon beim ersten Anstieg bei Burgeck überschaut man ein malerisches Bild, dessen auffallendste Einzelheiten die von Türmen flankierten Terrassen des Schlosses Tratzberg, das friedliche Jenbach mit seiner, den Inn übersetzenden Drahtseilbahn, welche der Förderung der im Schwaderberg gewonnenen Eisenerze dient, die weit ausschauende Kirche von St. Margarethen und Schloss Rotholz sind. Dicht neben diesem fällt die Steilwand des ›Brettfall‹ ab Es öffnet sich das Tor des Zillertals, blaugrüne Wälder ziehen sich die übereinandersteigenden Berge hinauf. Im blendenden Sonnenflitter liegt das Inntal bis Wörgl hinab, harmonisch abgetönt von der blauen Verklärung der Ferne.

Den ersten Einblick ins Zillertal hat man unfern der Stelle, wo die Häusergruppe von Fischl in einer Einbuchtung der Höhe erscheint. Alsbald erspäht man auch den Schneeblink der Ferner im Süden, während im Osten die Zackenmauer des Kaisergebirges wie aus einer Versenkung auftaucht. Manche dunkle Waldpyramide türmt sich zwischen den engen Furchen, welche die Täler von Wildschönau, das bei Kundl sich öffnet, und des Alpbaches bei Brixlegg andeuten. Dann ändert sich die Szene. Wir sind auf der Höhe von Eben angelangt, dessen Kirchturm in die blaue Luft hineinragt. Über den Ort

waltet schützend die gnadenreiche Heilige Notburga, deren hölzernes Standbild an den plätschernden Wassern eines Brunnens steht. Die Genannte war eine tugendsame Magd aus Rattenberg, welche Glück in die Hütten brachte, in denen sie aus- und einging. Seit mehr als 650 Jahren strömen gläubige Waller zu dem Grab der allerdings erst im Jahre 1826 kanonisierten Bauernmaid. Von der wundersamen Legende mit ihrem Lichtergeflimmer in der Dämmerung des Sanktuariums und den knallroten Nelken an den geschnitzten Holzbrüstungen der Blockhütten wendet sich der Blick alsbald ab, wenn er das verheißungsvolle Paradies erspäht, das nun entschleiert vor, ihn hintritt. Es grüßt die blaue Flut, der grüne Anger von Pertisau erscheint zwischen den hohen Felsmassen, von weißen Wolken umglänzt ragt das an Sagen reiche Sonnwendjoch über die Vorstaffeln, an denen der weiße Gischt des Dalfazerfalles herabstäubt. Bald haben wir Maurach hinter uns und halten in der Endstation ›Achensee‹, dicht am gastlichen Ufer, wo das ›Hotel Brummen‹ – am sogenannten ›Seespitz‹ – steht. • v. s.-L.

Europas größte Lokomotive

DIE GARTENLAUBE • 1891

Es sind nun gerade 40 Jahre her, seit die erste Alpeneisenbahn über den Semmering vollendet wurde. Die Großartigkeit dieser Gebirgsbahnanlage, die ungewöhnliche Linienführung mittels starker Rampen und kleiner Bogen, vor allem aber die Anforderungen, welche damit an die Leistung der Lokomotive gestellt wurden, erweckten die allgemeine Bewunderung dieser ersten Alpenbahn.

Nachdem durch die Überschienung des Semmering-Gebirges zwischen Gloggnitz und Mürzzuschlag die Möglichkeit eines geregelten Bahnbetriebes unter schwierigen technischen und klimatischen Verhältnissen nachgewiesen war, erfolgte bald die Ausführung anderer großer Gebirgsbahnen, die an Kühnheit der Anlage die Semmeringbahn zum Teil noch übertrafen.

Zwischen Innsbruck und Bozen wurde der Brennerpass überschient, und zwischen Modane und Susa der Mont Cenis, oder richtiger der Col de Frejus durchbohrt. In Italien wurden die kühnen Gebirgsbahnen über die Apenninen angelegt und im schweizerischen Jura der Hauenstein bezwungen.

Das großartigste Denkmal der zeitgenössischen Eisenbahn-Ingenieurkunst ist aber die Deutschland und Italien durch die Zentralschweiz verbindende Gotthardbahn, während außerhalb Europas die amerikanischen Anden- und Cordillerenbahnen zu erwähnen sind, in Asien die Bahn über den Suram in Kaukasien, auf der Linie Poti-Tiflis und diejenige durch die Schluchten des Bolanpasses in Beludschistan, welche vom Indus nach der Hochebene von Pishin führt.

Der anstandslose Betrieb der genannten Bahnen wurde aber nur dadurch ermöglicht, dass schwerere Lokomotiven als gewöhnlich, d. h. Maschinen von größerer Adhäsionskraft und Verdampfungsfähigkeit, zur Anwendung gelangten.

Die gegenwärtige Normal-Lokomotive der großen europäischen Gebirgsbahnen hat in der Regel vier gekuppelte

Achsen und wiegt unter Dampf 50 bis 56 Tonnen, während die Vorräte von Speisewasser und Kohlen auf einem Tender von 25 bis 30 Tonnen Vollgewicht untergebracht sind. Eine derartige Lokomotive vermag auf einer Steigung von 1:40 mit einer Bahnkrümmung von 180 Metern Halbmesser eine Gesamtlast von etwa 150 Tonnen, ausschließlich Maschine und Tender, zu bewältigen.

Auf Bergbahnen mit starkem Verkehr sind aber in der Regel schwerere Züge zu befördern, abgesehen davon, dass die Witterungsverhältnisse sehr oft größere Maschinenkräfte erheischen, und man ist alsdann zur Verwendung von ›Vorspann-‹ oder ›Schub-Lokomotiven‹ gezwungen; oft genügen selbst die zwei Maschinen nicht mehr und es muss eine Dritte zu Hilfe genommen werden. Es ist ganz klar, dass ein solcher Notbetrieb, wie er besonders im Winter vorkommt, weder sparsam noch sicher ist, und tatsächlich ist ein derartiger Zug in langen Kehrtunneln, wo die Maschinenführer einander nicht sehen können, beständig in Gefahr. Auch auf den Bahnen des Flachlandes sind viele und große Unfälle auf die Verwendung von Vorspann-Lokomotiven zurückzuführen. Es handelte sich somit darum, durch eine außerordentlich leistungsfähige Maschine den Vorspanndienst möglichst einzuschränken, wenn nicht ganz zu umgehen, und diese Aufgabe wird gelöst durch den Bau von sogenannten Doppel-Lokomotiven, bei welchen die Vorräte von Speisewasser und Kohlen auf die Maschine selbst verlegt sind.

Eine solche Doppel-Lokomotive wurde nun im Januar 1891 im Eisenwerk Hirschau von J. A. Maffei in München für die Gotthardbahn vollendet, und da diese Riesenmaschine im dienstfähigen Zustande 85 Tonnen wiegt, so ist dieselbe weitaus die größte Lokomotive, welche bis dahin in Europa gebaut und in Betrieb gesetzt worden ist.

Die Grundzüge der neuen Lokomotive sind auch dem Laien verständlich, wenn Folgendes beachtet wird. Die Größe einer Lokomotive wird hinsichtlich Breite und Höhe beschränkt durch das sogenannte ›Normalprofil des lichten Raumes‹ oder das ›Ladeprofil‹, und zwar so, dass auf den Bahnen des Vereins deutscher Eisenbahnverwaltungen keine Maschine über 3 15 m breit und über 4,57 m hoch, am Schornstein gemessen, sein darf. Eine erhebliche Vergrößerung der Lokomotive kann somit nur in der Längsrichtung erfolgen und sie bedingt gleichzeitig eine entsprechende Vermehrung der Achsen, deren Anzahl außerdem durch die zulässigen Schienendrucke – welche in Deutschland 14 Tonnen auf die Achse nicht übersteigen dürfen – bestimmt werden muss. Ferner erfordert das freie Befahren der Bahnkrümmungen eine gewisse Biegsamkeit des verlängerten Laufwerkes, was durch Drehgestelle erreicht wird. Denkt man sich nun eine sechsachsige Maschine, bei welcher die vorderen drei Achsen in einem Drehgestell liegen und mit eigenem Antrieb versehen sind, so ergibt sich die allgemeine Anordnung der neuen Riesen-Lokomotive der Gotthardbahn, wie sie durch die oben stehende Abbildung veranschaulicht ist.

Die Vorratsräume der Maschine fassen 8 Tonnen Speisewasser und 4 Tonnen Kohlen, während ihre Länge, von Puffer zu Puffer gemessen, 14 m beträgt.

Ähnlich konstruierte Maschinen nahmen bereits vor 40 Jahren am Semmering-Wettbewerb, welcher damals von der österreichischen Regierung veranstaltet wurde, teil; später wurde das System wieder aufgenommen und verbessert durch den englischen Lokomotiveningenieur Fairlie in London und den elsässer Ingenieur Meyer in Mülhausen, während die neue Lokomotive der Gotthardbahn nach den Patenten des in Paris lebenden Ingenieurs Anatole Mallet aus Genf ausgeführt ist. Sämtliche Konstruktionspläne wurden indes ganz selbstständig in Maffeis Eisenwerk Hirschau angefertigt, weshalb die Maschine immerhin auch mit einigem Rechte als ein Erzeugnis der deutschen Lokomotivenindustrie angesehen werden darf.

Das neue Lokomotivsystem ist nicht nur für den verstärkten Dampfbetrieb von Gebirgsbahnen von Bedeutung, sondern überhaupt für alle Eisenbahnen, auf denen ein gesteigerter Verkehr durch kräftigere Lokomotiven, und zwar ohne größere Inanspruchnahme des Oberbaues, bewältigt werden soll. Das Bedürfnis nach größeren Zugkräften auf unseren Bahnen wird immer dringender: Die Güterzüge werden immer schwerer, während der Personenverkehr infolge der um sich greifenden Tarifermäßigungen im steten Wachsen begriffen ist. Die Bahnverwaltungen sind so gezwungen, die Leistungsfähigkeit ihrer Anlagen zu erhöhen, und dahin gehört auch eine entsprechende Mehrleistung, also eine Vergrößerung der Lokomotiven. • *Adolf Brunner*

Der Urlaub eines Busfahrers.
Karikatur von William Heath Robinson (1872 – 1944).

Sechs farbige Ansichten der London and Birmingham Railway

Die von Robert Stephenson geplante 190 km lange Eisenbahnstrecken von London nach Birmingham wurde 1838 vollendet, nachdem bereits ein Jahr vorher die ersten Züge auf dem Abschnitt zwischen dem Londoner Bahnhof Euston und Boxmoor fuhren. Zur Eröffnung erschien eine Mappe mit sechs Drucken (Radierung und Aquatinta) nach Zeichnungen von Thomas Talbot Bury (1811 – 1877).

Der Bahnhof Euston in London. ↑
Unter der Hampstead Road Bridge in London. ↗
Brücke über den Kanal im Londoner Stadtteil Camden Town. →

Tunnel bei Watfort nordwestlich von London. ↑
Viadukt in Watfort nordwestlich von London. ↗
Brücke über den Kanal bei Kings Langley nordwestlich von London. →

Die neusten Erfindungen zur Rettung von Schiffbrüchigen

ILLUSTRIRTE ZEITUNG • 2.9.1843

Der Schiffbruch der beiden großen englischen Ostindienfahrer ›Reliance‹ und ›Conqueror‹ an der französischen Küste, von deren sämtlicher Mannschaft nur zwei Matrosen gerettet wurden, hat ganz England aufgeregt und es mit Grimm gegen den verräterischen Strand Frankreichs und gegen dessen Sorglosigkeit und Untätigkeit erfüllt, mit der es alle Maßregeln verabsäumt, Strandenden das Leben zu retten. An jener schrecklichen, dünenreichen, unzivilisierten Küste, behauptet man in England, gäbe es keine Rettungsboote, keine Raketentaue, keine Strandbojen, kurz nichts, womit man den Untersinkenden zu Hilfe kommen könne. Obgleich häufig geraume Zeit zwischen dem Stranden und der Zertrümmerung des Wracks verginge, und wenn auch der Schiffbruch der Küste so nahe wäre, dass die Hilfebedürftigen den am Land Stehenden mit Schnupftüchern zurufen, ja sogar um Hilfe schreien könnten: Keine könnte gewährt werden, und die Armen müssten rettungslos wie Blei im Meer versinken. Die Entrüstung des praktischen seegewohnten Engländers

›Das Wrack der Reliance‹. Stahlstich von George Baxter (1804 – 1867).

über diesen französischen Leichtsinn spricht sich lebhaft aus, aber äußert sich auch in Taten der Beschämung für Frankreich, indem man beschlossen hat, rund um die englische Küste noch diejenigen Rettungshilfsmittel einzuführen, die den Umständen entsprechend sind und hie und da noch fehlen. Die ›Königliche Menschenfreundliche Gesellschaft‹ und ihre Küsten-Zweigvereine, ›Lloyd's Comité‹, und eine Kommission des Unterhauses beschäftigen sich ernstlich mit diesem Gegenstand. Zweifelsohne wird in Frankreich ehrgeiziger Wetteifer zuwege bringen, was uneigennützige Menschenfreundlichkeit nicht vermochte. Über die Veranstaltungen an den Küsten von Holland und Deutschland vernimmt man bei diesem Anlass nichts. Wir haben inzwischen volle Ursache anzunehmen, dass dieselben auch nicht mit den Mitteln ausgerüstet sind, unter allen Umständen Menschenleben zu retten und glauben uns zu der Vermutung berechtigt, dass es noch viel zu tun gibt, für dessen Verwirklichung wir uns an den kräftigen Maßregeln der Britten ein Beispiel nehmen mögen. Zu dem Ende wird eine Darstellung einiger erprobten englischen Rettungsvorrichtungen nicht ohne Nutzen sein, die wir nachstehend folgen lassen.

Capitain Manbys Mörser-Rettungstau
Unser Holzschnitt stellt den Augenblick dar, wo eine Abteilung der Strandwache sich um den Mörser versammelt hat und

einer aus derselben ihn abfeuert. Die Gruppierung ist lebendig genug. Der Matrose, der die Mütze vor dem Wind festhält, und die Laterne hochhebt, um das Meer zu beleuchten, vergegenwärtigt uns den ereignisvollen Augenblick, in dem Menschenleben auf der Spitze stehen.

Die Einrichtung des Apparats ergibt sich deutlich aus der Darstellung: an der aufgesetzten Kugel ist mit einer kurzen Kette ein auf einem niedrigen Wagen in einer Spirallinie lose gelegtes Tau befestigt. Die in der Richtung des Wracks abgeschossene Kugel nimmt nun das Tau mit ins Meer, da es sieh ganz leicht, ohne sich zu verwirren, entrollt. Erreicht die Kugel das Schiff, so verschlingt sich das Rettungstau in die Takelage und bietet nun eine sichere Verbindung mit dem Ufer. Viele Schiffbrüchige sind auf diese Weise schon gerettet worden, denen wegen hoher Brandung keine Hilfe zukommen konnte; denn ein gutes Tau ist, so zu sagen, eine sichere Meerchaussee.

Den Jubel, der die glücklichen Erfolge der oben beschriebenen und ähnlicher Rettungsapparate begleitet, muss man am Seestrand in Stunden der Gefahr und höchsten Aufregung selbst gesehen haben, um sich davon einen Begriff zu machen. Bilder solcher Rettungsvorkehrungen sind unaufhörliche Predigten, und regen an zu tätigem Mitleid für unsere Mitbrüder, die ihr Leben dem ungetreuen Meere anvertrauen, um uns die Genüsse ferner Zonen herbeizuschaffen, und, damit wir sie bezahlen können,

unserer Hände Arbeiten zu entfernten Märkten schiffen. Das Rettungstau wird nach einer Abänderung von einem gewissen Dennett neuerdings auch mittels Raketen geworfen, doch erhält sich der Mörser mehr in Gebrauch.

J. Johnstons Klippenkran

Unser zweites Bild zeigt ihn im Augenblick der Tätigkeit. Der Versicherung, dass durch dessen Anwendung eine große Menge Menschenleben gerettet sein sollen, ist wohl zu glauben, denn Gefährlicheres als ein mit steilen Klippen umgebener Strand kann es für Schiffbrüchige Nichts geben; hier bietet sich keine Rettung an ein flaches Ufer. Die hoffnungslose Aussicht ist ein Zerschellen, ein Untergang mit Mann und Maus! Jener Kran ist vorzüglich geeignet, mit Hilfe einiger Männer wirksam benutzt

zu werden. Er steht auf einem länglich flachen Wagen und lässt sich nach Bedürfnis vor und rückwärts stellen. In seiner höchsten Spitze befindet sich eine Rolle eingelassen, über die ein starkes Tau geführt ist, an dessen Ende ein an vier Seiten, die durch ein Brett auseinandergehalten werden, befestigter starker, geflochtener Korb angehängt ist. Derselbe ist 1 × 1 m im Geviert weit und 80 cm tief. Als Boden dient ein eisernes Gitterwerk, damit der Widerstand der Luft beim Niederlassen weniger hindernd sei. Dieser Korb wird mittelst der hintenangebrachten Winde herabgelassen, wo er dann mit Ballast beschwert ist und Stangen und Stricke sich darin befinden, damit sich die im Wasser Befindlichen helfen können, und wird darauf auf eben dieselbe Weise wieder emporgezogen. An dem Wagen sind lange Spitzen an Gelenken befestigt, die in den Boden gestoßen werden, damit der Wagen nicht von der Last der im Korb Befindlichen gegen den Rand der Klippe gezogen werden kann. Befindet sich der Korb mit Geretteten in der Gleiche mit der Oberfläche der Klippe, wird der Wagen zurückgezogen. Den Kran kann man so weit über die Klippe hinaustreten lassen, dass der Korb 3 ½ m von der senkrechten Klippenfläche entfernt bleibt. Zur vollständigen Ausrüstung dienen einige Ruderhaken, Äxte, Hornlaternen, Taue, ein Sprachrohr und ein Spaten.   ❐

Bogie Heilmann

Das mechanische Pferd

ALLGEMEINE AUTOMOBIL-ZEITUNG • 7.1.1900

Wir führen hier im Bild ein sehr interessantes automobilistisches Vehikel vor, welches von seinem Konstrukteur, dem bekannten Erfinder der elektrischen Lokomotive, Ingenieur Heilmann, nicht mit Unrecht ›Le cheval mécanique‹, das mechanische Pferd, genannt wird. In Paris heißt dieser sechsrädrige Wagen *Bogie* (Drehgestell) Heilmann. Wie man sieht, eigentlich ein gewöhnlicher Wagen, dem man die Vorderräder weggenommen hat, um ihn sodann mit einem vierrädrigen Automobil, dem ›Drehgestell‹, zu verbinden.

Das Drehgestell, das *Bogie*, schiebt sich bei der Herstellung der Verbin-

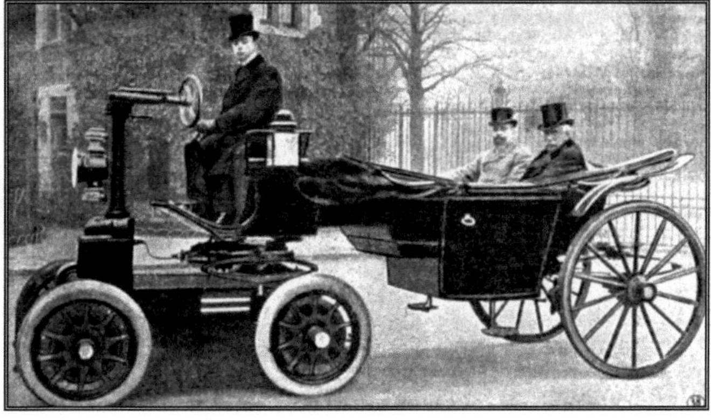

dung mit dem zu ziehenden Wagen zum größeren Teil unter denselben, und der Drehzapfen des Vehikels greift in einen Teil des Drehgestells, der genau dem des zweirädrigen Wagenvordergestells entspricht. Der Punkt, wo der Wagen sich auf das Drehgestell stützt, befindet sich zwischen beiden Achsen, wodurch dem Fahrzeug ein ruhiger Lauf gesichert wird. Der Motor, sowie der gesamte Triebapparat sind vollständig getrennt von dem Wagenkasten. Die Steuerung erfolgt aber trotzdem von dem Kutschbock des Wagens aus, und zwar in

Folge der Anordnung, dass Heilmann Steuerung, Schnelligkeitswechsel, Reversiervorrichtung etc. in einem Punkt vereinigt hat, der sich auf der durch die Achse des Drehzapfens hindurchgehenden Vertikalen befindet.

Heilmanns ›mechanisches Pferd‹ wird sowohl als Elektromobil wie auch als Benzin-Automobil fabriziert, und ein einziges dieser ingeniösen Drehgestelle kann dazu verwendet werden, um nach Belieben ein Coupé, eine Victoria, einen Phaeton, einen Omnibus oder einen Geschäftswagen remorquieren zu lassen.

Unser Bild zeigt das erste ›Versuchskaninchen‹, in welchem Großfürst Alexis von Russland (im Wagen rechts) eine Spazierfahrt machte. Diejenigen ›Drehgestelle‹, welche demnächst die Fabrik verlassen, werden schon eine hübschere Form zeigen, als das ›Versuchskaninchen‹. Denn man kann nicht behaupten, dass dieser ›Sechsradler‹ sich besonders schick repräsentiert. ❐

Elektrische Rohrpost

Die elektrische Beförderung von Postsendungen, ähnlich der pneumatischen Rohrpost, lässt eine gänzliche Umwälzung unseres Verkehrsbetriebes erwarten. Über dieses neue Beförderungsmittel sind schon einige Male Nachrichten an die Öffentlichkeit gelangt. Es handelte sich bisher aber immer um theoretische Erörterungen, während heute über eine praktische Ausführung berichtet werden kann. Zwei amerikanische Elektriker haben es unternommen, eine derartige elektrische Paketpost versuchsweise anzulegen, und die Anlage ist schon seit einigen Wochen der Besichtigung des Publikums übergeben. Die Transportlinie ist in Form eines Ovales in der Länge von zwei englischen Meilen in der Nähe von Boston angelegt. Auf einem starken Holzgerüste sind in regelmäßigen Zwischenräumen von 2 m mit Kupferdraht umwundene Eisenhülsen, ›Solenoide‹ genannt, gelagert, durch deren Fuß und Decke Eisenschienen führen. Parallel mit dem unteren Schie-

nenstrang läuft ein Leitungsdraht, der mit dem oberen Schienenstrang durch Arme in Berührung kommt. Mit dem Dynamo ist einerseits der untere Schienenstrang, andererseits der Leitungsdraht verbunden. Die eisernen Transportwagen, welche die Poststücke aufnehmen sollen, haben die Form von Torpedos, und bei einer Länge von 3,3 m einen Durchmesser, der das Passieren der Solenoide ermöglicht. Ein Dynamo mit 20 PS liefert den Strom, der geschlossen ist, sobald der Wagen mit seiner Spitze in die Eisenhülsen eindringt, und selbsttätig unterbrochen wird, sobald er die Mitte eines Solenoid erreicht hat. Die durch den Strom hervorgerufene magnetische Anziehungskraft der Eisenhülsen und die im Wagen sich ansammelnde lebendige Kraft bewirken also die Vorwärtsbewegung der Wagen, die mit der Schnelligkeit von Express-Eisenbahnzügen erfolgt. Die Transportlinie kann natürlich in beliebiger Länge angelegt werden und die Beförderungswagen können in beliebiger Anzahl und in beliebigen Zwischenräumen abgehen, so dass die Bewältigung auch des größten Verkehr-es in kürzester Zeit möglich erscheint. ❐

⚍ *Miscellen* ⚍

Verkehr

Merkwürdiges Beispiel der Vorteile erleichterter Transportmittel

PFENNIG MAGAZIN　　　　　6.3.1841

Unter den zahlreichen und mannigfaltigen Tatsachen, welche die Veränderungen betreffen, die Transportwege erzeugen, ist folgende merkwürdig: Als Michel Chevalier auf seiner Reise in Nordamerika zu Buffalo ein Segelschiff besuchte, welches im Begriff war, sich über das Netz der großen Seen nach Chicago, also bis zum Michigansee hin zu begeben, befremdete es ihn, Quadern von Mühlsteinen anzutreffen, welche denjenigen Mühlsteinen auffallend ähnlich waren, die man in Frankreich zu *Ferté-sous-Jouarre* trifft, und die wegen ihrer Vortrefflichkeit berühmt sind. Er äußerte gegen den Schiffskapitän seine Verwunderung, und dieser bestätigte, dass diese Mühlsteine aus Frankreich, und zwar aus der Nähe von Paris kamen. Zugleich fügte er hinzu, dass man auf der ganzen Linie längs des Eriekanals, namentlich zu Rochester, das wegen seiner großen Mühlen berühmt ist, von keinen anderen Mühlsteinen Gebrauch mache. Seit Eröffnung des Ohiokanals bediene sich jeder gute Müller des Staats Ohio nur französischer Mühlsteine, und ebenso seien in Indiana, Illinois und Michigan die französischen Mühlsteine bei weitem am meisten im Gebrauch. In Buffalo waren drei Fabrikanten Pariser Mühlsteine etabliert. So sind durch die Wohltat des Handels und der Schifffahrt Ortschaften im Herzen von Amerika imstande, französisches Material anzuwenden, das in den meisten Departements von Frankreich nicht gebraucht wird, ja wegen des durch den Transport auf der Achse übermäßig erhöhten Preises nicht füglich gebraucht werden kann. ❐

Schwimmende Telegrafenstationen

DIE GARTENLAUBE 1869

Eine neue Erweiterung der Kommunikationsmittel in England liegt erst im Plan vor, hat aber alle Aussicht ins Leben zu treten. Es sollen schwimmende Telegrafenstationen an geeigneten Punkten der britischen Küsten errichtet werden auf Schiffen, die einige vierzig oder fünfzig englische Meilen vom Lande ab ins Meer gelegt werden und mit der Küste durch Unterwasserkabel verbunden sind. Die äußerste südwestliche Spitze Englands, der südliche Zugang zum St. Georgskanal, verschiedene Punkte im Norden und Süden Irlands sollen sukzessive in dieser Art versorgt werden. Vorbeifahrende oder ankommende Schiffe werden dann schon aus der Ferne mit der Küste und dem ganzen Lande korrespondieren können. In zweiter Linie sollen dann diese Ausliegeschiffe auch Stationen bilden zur Aufnahme und Abgabe von Personen, Briefen etc., deren Beförderung durch regelmäßig hin- und herfahrende Dampfboote besorgt werden soll. ❐

Unfall auf einer Zahnradbahn

ZENTRALBLATT DER BAUVERWALTUNG 17.2.1883

Auf einer Schleppbahn des Steinkohlen- und Hüttenwerkes von Salgo-Tarján in Ungarn – der Ort liegt an der ungarischen Staatsbahnstrecke Pest – Fülek – ereignete sich zu Anfang Februar 1883 ein Unglücksfall, welcher, abgesehen davon, dass hierbei mehrere Personen teils getötet, teils erheblich verletzt wurden, auch technisch nicht ohne Bedeutung ist.

Während auf der Zahnradbahn, welche vom Salgoberg Kohlen zum Hochofen des Eisenwerks befördert, ein Zug mit leeren Kohlenwagen bergwärts ging, brachen alle Zähne des stählernen Triebrads der Lokomotive und diese samt den zwölf Kohlewagen, welche den Zug bildeten, fuhr mit großer Geschwindigkeit unaufhaltsam die steile Bahn hinab. Die Lokomotive, im Gewicht von 12 Tonnen, wurde bei einer Krümmung aus dem Gleis geschleudert und bohrte sich auf einem freien Platz seitwärts desselben im Sand ein, die Wagen stürzten vom Bahnkörper und wurden zertrümmert. Von den 26 auf dem Zug befindlichen Personen – Bergwerksarbeiter und Frauen von solchen – blieben sechs auf der Stelle tot, elf Personen erhielten schwere Verletzungen.

Die Zahnradbahn soll, wie berichtet wird, eine Steigung von 20 % (1 : 5) besitzen und auf 200 m Höhe führen, jedoch lassen sich diese Angaben wegen Mangels einer technischen Beschreibung der Anlage derzeit nicht prüfen, so wie auch Genaues über die Konstruktion der Bahn, über Zusammenstellung der Züge und namentlich über die Art der vorhandenen Bremsvorrichtungen noch nicht vorliegt. Ein Bremswagen scheint vorhanden gewesen zu sein, und es wird auch erwähnt, dass von dem Zugführer ein Versuch gemacht wurde, den Zug zum Stehen zu bringen, doch ist es fraglich, ob die Lokomotive mit rasch wirksamen Sperrrädern zum Bremsen versehen war, worin die Hauptsache liegt. Der Untersuchungsausschuss, welcher seitens der ungarischen Regierung sofort entsandt wurde, wird jedenfalls Klarheit über die näheren Umstände, welche bei dem Unfall mitgewirkt haben, bringen. • ***Ed. K.***

Forschung & Technik

Das 1888 eröffnete Lick-Observatorium auf dem Mount Hamilton in Kalifornien Anfang des 20. Jahrhunderts.

Der Great Lick Refractor im Lick-Observatorium
auf dem Mount Hamilton in Kalifornien, das
Fernrohr mit dem zur damaligen Zeit größten
Linsendurchmesser der Welt. Lithographie von 1889.

Neue Methoden

Technische Plauderei von Hans Dominik

DIE WOCHE • 4.9.1909

VARIATIO DELECIAT, Abwechslung macht Spaß, wie jener Mann seine Buttermilch mit der Heugabel aß …, sagt ein alter Volksvers. Ganz so krass geht es ja nun in der modernen Technik nicht her, aber immerhin stoßen wir auch hier des Öfteren auf neue Arbeitsmethoden, die auf den ersten Blick ein wenig an die verkehrte Welt erinnern. Überraschend ist es ja doch zum mindesten, wenn jemand anstelle des Malerpinsels die Spritze, anstelle des Messers die Flamme oder anstelle des Hammers gar ein wenig Wasser nimmt. Und doch sind diese und zahlreiche andere eigenartige und verwunderliche Arbeitsmethoden zurzeit bei uns gut eingeführt.

Dass man die Farbe mit dem Pinsel aufträgt, ist das alte Verfahren. Wer aber jemals Gelegenheit hatte, sich als Amateur im Anstreichen von allerlei Gitterwerk, Gartenmöbel und dergleichen zu betätigen, der wird auch die Erfahrung gemacht haben, dass die so oft geringschätzig betrachtete Kunst der Fassadenraffaels gar nicht so einfach ist. Die Farbe muss gleichmäßig, nicht zu fett und nicht zu mager verstrichen werden. Sie muss mit der Unterlage in innigen Zusammenhang gebracht werden, und die Farbendecke darf auch an winkligen Stellen keine Lücken zeigen. So stellt der Anstrich beispielsweise irgendeiner unserer modernen großen Eisenbrücken tatsächlich eine ganz gehörige Arbeit dar, wenn er sauber und sachgemäß ausgeführt wurde, eine Arbeit, die auch dementsprechend recht teuer bezahlt werden muss und geraume Zeit dauert.

Namentlich um Zeit zu sparen, entschloss man sich im Jahre 1893, vierundzwanzig Stunden vor der Eröffnung der Chicagoer Ausstellung, einige Gebäude, die noch des Anstrichs entbehrten, unter Zuhilfenahme kräftiger Pumpen mit Farbe zu bespritzen. Das Ergebnis dieses Unternehmens war so

Hans Dominik (1872 – 1945). Ingenieur, Wissenschaftsjournalist und Schriftsteller. Nach einer Zeichnung von Willy Nus.

sehr zufriedenstellend, dass die Industrie sich entschloss, die neue Methode sachgemäß weiter auszubilden. Man konstruierte Farbenzerstäuber, die mit Druckluft arbeiten, deren feine Strahlenstücke viel besser als ein Pinsel in die verschiedenen Winkel und Ecken der zu streichenden Konstruktion eingeführt werden können und nun die Farbe ganz gleichmäßig verteilen und dabei mit großer Gewalt gewissermaßen in die Poren der zu streichenden Stücke hineinschleudern. Heute sind derartige Apparate bereits weit verbreitet. Man zieht sie dem Pinsel vor, weil sie erstens schneller, zweitens billiger und drittens besser als diese arbeiten.

Ein zweites typisches Beispiel für die Verwendung ganz neuer Mittel bietet die Benutzung der Flamme zum Schneiden. Auch hier hat wohl eine Zufälligkeit zu der neuen Technik geführt. Die Beobachtung ergab, dass Metallkonstruktionen, die man Jahrzehnte hindurch für feuerfest gehalten hatte, dies keineswegs waren, dass sie vielmehr bei Gelegenheit von Bränden unter der Einwirkung von Stichflammen zerlöchert wurden wie ein Tuch von den Motten. Die Untersuchung zeigte, dass dies dann der Fall war, wenn die Stichflammen mit einem Überschuss von Sauerstoff gebrannt, wenn sie stark oxidierend gewirkt hatten. Man ging dazu über, dies Verhalten zweckmäßig auszunutzen, und so entstand der Sauerstoffschneideapparat. Er arbeitet mit komprimiertem Sauerstoff- und Wasserstoffgas. Aus der Mischung beider Gase wird eine sehr heiße Stichflamme gebildet, die auf die zu durchschneidenden Stücke gerichtet wird und die betreffenden Stellen in wenigen Sekunden in helle Glut bringt. Aus einer zweiten Düse strömt ein feiner Strahl komprimierten Sauerstoffes

auf die erhitzte Stelle, und wo er das glühende Metall trifft, da verschwindet es wie Schnee vor der Sonne. So wird es möglich, mit dieser schneidenden Flamme saubere, nur wenige Millimeter breite Schnitte mit glatten, scharfen Rändern herzustellen. Wo früher der Schlosser sich mit Hammer und Meißel viele Stunden lang abmühte, um etwa einen schweren Eisenträger durchzukreuzen, da bahnt sich jetzt die schneidende Flamme in wenigen Minuten ihren Weg. Solche schnelle Arbeit aber ist ganz besonders da notwendig, wo etwa irgendeine Eisenkonstruktion zusammengebrochen ist und Verunglückte darunter liegen, die schnell befreit werden müssen. Deshalb hat beispielsweise die Berliner Feuerwehr seit einiger Zeit auf zwei Feuerwachen solche Sauerstoffschneideapparate zu stehen. Aber auch in der Industrie selbst findet jenes modernste Messer, die Stichflamme, weitgehende Anwendung, und zwar nicht nur zum Zerschneiden alter Konstruktionsteile, die wieder in den Gießofen wandern sollen, sondern auch zur Bearbeitung neuer Stücke.

Nach dem Feuer als Messer das Wasser als Hammer. Nehmen wir als praktisches Beispiel den Fall an, es handle sich darum, eine jener Goldplatten herzustellen, die als Unterlage für ein Gebiss dienen und sich dem Gaumen ganz genau anfügen sollen. Man beginnt damit, dass der Patient zunächst einmal in eine plastische Wachsmasse beißen und einen genauen Abdruck seines Gaumens liefern muss. Davon machte man erst Gips-, dann Hartmetallabgüsse, und dann begann die ziemlich langweilige Arbeit, die Goldplatte teils durch Hämmern, teils durch Pressen den so hergestellten Matrizen und Patrizen anzuschmiegen. Die neue Methode arbeitet anders.

Auf eine vorbereitete Matrize wird die einigermaßen nach der Gaumenform zugeschnittene Goldplatte mit ein paar Wachskügelchen fixiert. Dann steckt man das Ganze in einen wasserdichten Gummibeutel und tut diesen in einen kräftigen Stahlzylinder, den man nun mit Wasser füllt und fest zuschraubt. Eine kleine Handpumpe wird in Bewegung gesetzt, um in den Stahlzylinder noch ein wenig Wasser nachzudrücken. Nur noch wenige Kubikzentimeter gehen hinein, aber diese wirken schneller und prompter als ein Handhammer. Ein gewaltiger Wasserdruck entsteht im Zylinderinneren. Mit riesiger Kraft presst er die Goldplatte gegen die Matrize. In die feinsten Höhlungen und Fältchen des Gussstückes muss sich die Goldplatte mikroskopisch genau einfügen. Wenn man nach kurzer Pressung den Stahlzylinder wieder öffnet, so findet man eine formvollendete Gaumenplatte vor. Aber nicht nur für die Zwecke der Zahntechnik findet die hydraulische Pressung oder Prägung Anwendung. Auch allerlei Kunstgegenstände, die man früher mühevoll mit hämmern und Punzen trieb, stellt man jetzt unter Zuhilfenahme des Wasserdrucks her. So geschieht es beispielsweise mit hübsch geprägten Metallbechern und Metallvasen. Ein roher Blechzylinder wird über ein massives Formstück geschoben, kommt in den Gummibeutel und wandert mit ihm in den hydraulischen Zylinder. Wenige Minuten genügen alsdann, um daraus einen Becher herzustellen.

Am Anfang dieser Betrachtungen lernten wir die Spritze als Ersatz des Pinsels kennen. Aber auch noch auf anderen Gebieten der Technik begegnen wir ihr, freilich in gehörig modifizierter Gestalt. Der Leser kennt wohl den feinen Kohlenfaden einer elektrischen Glühlampe.

Als Edison anfing, wurden diese Fäden aus feinen, möglichst gleichmäßigen Fasern einer bestimmten Bambusart hergestellt. Die einzelne Faser wurde durch Schaben möglichst egalisiert, in die passende Form gebogen und dann in besonderen eisernen Pressen geglüht und dadurch in Kohle verwandelt. Gegenwärtig dagegen kennt man plastische Zellulosen, die in der Rotglut in reinen Kohlenstoff übergehen, ohne sich dabei irgendwie aufzublähen und Blasen zu werfen. Von ihnen geht man bei der Fabrikation aus. In eine kräftige Presspumpe ist ein kleiner Diamant eingesetzt, der eine haarfeine Bohrung von wenig Tausendsteln eines Millimeters trägt. Durch diese Öffnung tritt die Zellulose, die in einer schnell verdunstenden Flüssigkeit gelöst ist, heraus, erstarrt unmittelbar nach dem Austritt und wird in Form eines feinen, elastischen Fadens zunächst aufgehaspelt, später zerschnitten, in die passende Form gebogen und verkohlt. Bemerkenswert ist es, dass auch die Metallfäden der modernen Metallfadenlampen auf solche Weise gespritzt werden. Denn die seltenen Metalle, die hierfür in Betracht kommen, sind im Allgemeinen so hart und schwer schmelzbar, dass sie nicht in der üblichen Weise verarbeitet und zu Drähten ausgezogen werden können. Aber nicht nur Glühlampenfäden und Makkaroni werden gespritzt. Auch Metallrohre aller Art, speziell die bisherigen Wasserleitungsrohre, und ferner Gummischläuche erzeugt man durch Spritzen.

Zum Schluss noch einige interessante Verfahren, bei denen man die Form, die ein flüssiger Körper unter der Einwirkung von irgendwelchen Kräften annimmt, dadurch walzt, dass man ihn dabei erstarren lässt. Auf solche Weise werden zum Beispiel die runden Schrotkugeln hergestellt. Auf einem hohen Turm befindet sich ein siebartiges Gefäß. In dieses lässt man geschmolzenes Blei fließen. In Form feiner Tropfen läuft dieses aus dem Sieb heraus. Während des hohen Falles durch die Luft nehmen diese Tröpfchen genaue Kugelform an und erstarren bereits, so dass sie in einem unten befindlichen Wassergefäß nur noch vollkommen abgeschreckt zu werden brauchen. Ein ähnliches Verfahren versucht man zur Herstellung genauer Parabolspiegel auszubauen, obwohl man einstweilen noch nicht bis zur praktischen Anwendung gekommen ist. Wenn man ein Gefäß mit einer Flüssigkeit um seine Vertikalachse rotieren lässt, so bleibt der Flüssigkeitsspiegel bekanntlich nicht eben. Er steigt an den Rändern und vertieft sich in der Mitte. In Wirklichkeit soll sich ein mathematisch genaues Rotationsparaboloid bilden. Es handelt sich nun darum, diese Fläche festzuhalten, indem man eine Flüssigkeit wählt, die unter bestimmten Verhältnissen erstarrt und dann eine harte und widerstandsfähige Oberfläche bildet, die entweder als Gussform für Glas benutzt oder selbst sofort versilbert werden kann. Wenn das Prinzip auch noch nicht bis zum Stadium der Praxis ausgebaut ist, so erscheint es doch keineswegs aussichtslos und jedenfalls nicht uninteressant. □

Vom Gebrauch der Taschenuhren

TASCHENBUCH ZUM NUTZEN UND VERGNÜGEN • 1792

Der Gang eines so subtilen Werkes, wie eine Taschenuhr, kann nicht allein durch starke Bewegungen der Person, die sie bei sich trägt, z. B. Reiten, Fahren, Laufen, unrichtig werden, sondern auch das Öl, das zum Verhindern des Reibens der Uhr notwendig ist, unterwirft sie der Witterung und dem Wechsel der Wärme und Kälte. Am Tage macht die Wärme der Tasche das Öl flüssig; es fällt Staub hinein, und man muss deswegen eine Uhr alle Jahr einmal ausputzen lassen. Tut man sie des Nachts von sich, und legt oder hängt sie an einen kälteren Ort, so geht sie geschwinder, weil das Öl steifer wird, und der Uhr die Kraft benimmt, den Perpendikel weit auszuwerfen, der also eine kürzere Zeit zum Hin- und Widergehen braucht. Eine Uhr, die man des Tages geführt hat, muss man deswegen des Abends an einem temperierten Ort aufhängen; ja nicht legen. Hängt die Uhr, so liegen alle Zapfen im Futter, und tun keinen Schaden; liegt sie aber, so stehen alle Zapfen in den Futtern, und bohren, welches einer Uhr, und besonders dem Perpendikel äußerst nachteilig ist.

Hatten wir aber auch Taschenuhren, die von allen Mängeln befreit wären, auf die weder Bewegung, noch Wärme noch Kälte wirken, so dürften wir uns doch nicht einbilden, dass sie beständig mit der Sonne gehen, und uns die scheinbare Zeit zeigen könnten, weil die gleiche und scheinbare Zeit bisweilen in einem Monat um eine ganze Viertelstunde verschieden sind. Man muss demnach eine Taschenuhr wenigstens alle Wochen einmal nach der Sonne oder einer richtigen Wanduhr stellen, damit sie von der scheinbaren Zeit nicht zu weit abweicht. Bei der Stellung muss man den Minutenweiser mit dem Schlüssel und nicht mit den Fingern umdrehen, um das Zifferblatt nicht zu beschmutzen, oder den Weiser zu verbiegen. Manche stehen in dem Gedanken, man dürfe den Minutenweiser nicht links herumdrehen, weil sonst die Uhr Schaden leide; allein es gilt der Achse und Hülse gleich viel, ob man rechts oder links herumdreht, weil in den Weisewerken der Taschenuhren keine Aushebe-Wippe zum Schlagen ist, wie bei den Schlag-Wanduhren. Über das Aufziehen muss man nicht zu lange zu bringen, und sich merken, dass alle Taschenuhren von der Rechten zur Linken, die Jagduhren allein aber, welche auf dem Ziffernblatt aufgezogen werden, von der Linken zur Rechten aufzuziehen sind. Ohne Not mache man keine Taschenuhr auf, nehme sie aus dem Gehäuse, oder ziehe sie in freier Luft auf, besonders wenn es windig ist. Im letzteren Fall muss man sich wenigstens so stellen, dass der Wind im Rücken ist, und nicht durch das Schlüsselloch in die Uhr blasen könne. Denn starke Luft vertrocknet das Öl; es kann auch leicht etwas hineingestäubt werden, und eine

Uhr kann einen hineinfallenden Körper so wenig vertragen, als ein Auge. Dass man die Uhr bei sich so trägt, dass das Glas stets inwendig gegen das Bein gekehrt ist, dient dazu, damit beim unversehenen Anstoßen die Uhr nicht so leicht beschädigt werde. Lederne Uhrtaschen haben einen großen Vorzug vor barchentnen und leinwandnen. Denn Barchent und Leinwand stäubt, und der Staub zieht sich leicht in die Uhr. ❏

Illustration aus: *Eigentliche Beschreibung aller Stände auf Erden*, Frankfurt am Main, 1568

Ein selbstangehender Benzinmotor

ALLGEMEINE AUTOMOBIL-ZEITUNG • 7.1.1900

Das Ankurbeln der Benzinmotoren ist bekanntlich eine jener nicht gerade angenehmen Beigaben des Automobils, die wir Chauffeure resigniert unter die »prinzipiellen Unannehmlichkeiten des Benzinmotors« zu registrieren pflegen.

Unsere Leser werden daher mit zweifellosem Interesse die Nachricht vernehmen, dass es der in der Kleinmotorenbranche bestbekannten Firma Dawson in Canterbury gelungen ist, einen Automobilmotor – Viertaktsystem für Benzin – zu konstruieren, der von selbst angeht und obendrein sich noch in Verschiedenen anderen Punkten seiner Betriebsweise der Dampfmaschine nähert.

Das Wichtigste ist jedenfalls, dass der Motor ohne Ankurbelung angeht. Wie man das macht, hat vor rund sechs Jahren der bekannte Erfinder Diesel gelehrt und Dawson war gelehrig genug, dies nachzumachen; er erzeugt nämlich mit dem Arbeitskolben, der als Differentialkolben ausgebildet ist, in einem eigenen Kompressorzylinder Druckluft mit einer Pressung von drei bis ca. sieben Atmosphären, welche in einem eigenen Druckluftbehälter aufgespeichert wird. Mit dieser aufgespeicherten Kraft kann der Motor jederzeit durch einen Fingerdruck angelassen werden. Während der Fahrt kann die Leistung des Motors bedeutend erhöht werden, indem man die Druckluft im Arbeitszylinder mitar-

beiten lässt. Ein normal sechspferdiger Motor kann dadurch leicht auf 8 und 10 Pferdekräfte gebracht werden, ja man will sogar schon 12 ½ Pferdekräfte ge-

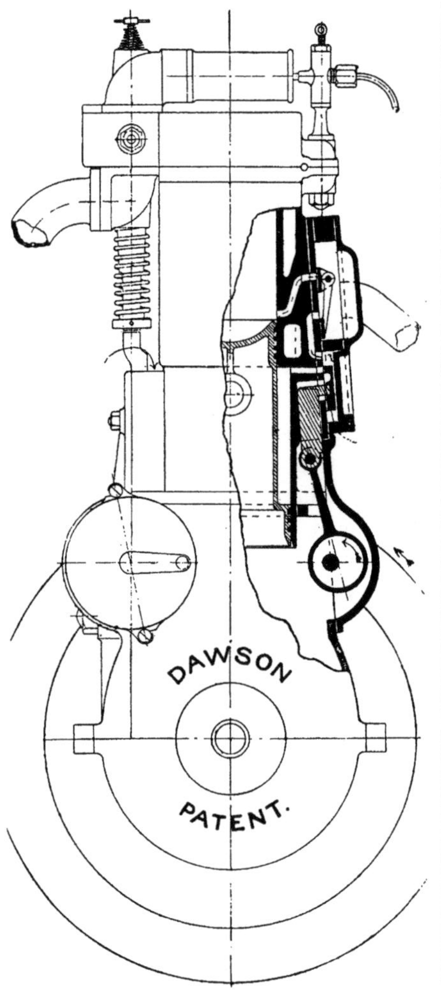

bremst haben. (Der Druckluftbehälter wiegt leer nur ca. 14 kg, inkl. Druckluft ca. 20 kg und ist in 1 bis 2 Minuten aufgepumpt.)

Die Kombination des Arbeitskolbens mit einem Kompressorkolben ermöglicht die wirksamste Motorbremse beim Bergabfahren; man lässt den letzteren einfach Luft pumpen. Dadurch wird Kraft zurückgewonnen, analog wie durch Rückladung in die Akkumulatorenbatterie beim Elektromobil, wobei der Elektromotor zum Dynamo wird.

Durch Anbringung eines umsteuerbaren Excenters für die Steuerung des Kompressorschiebers ist der Motor nach Belieben für Vorwärts- oder Rückwärtsfahrt anzulassen; dadurch ist seine Reversierbarkeit erreicht.

Es ist bei diesem Motor nicht nötig, ihn beim Anhalten ausgerückt fortlaufen zu lassen, er wird einfach abgestellt und zum Weiterfahren durch einen Fingerdruck aufs Druckluftventil wieder angelassen.

Die künstlich erhöhte, verdoppelte Luftmenge im Arbeitszylinder durch das Einpumpen vom Kompressor aus ermöglicht, eine entsprechend größere Benzinmenge zu verarbeiten und eine bedeutend höhere Leistung zu erzielen. Der Kompressionsdruck steigt dabei von normal 5 auf 8 Atmosphären und darüber.

Die Tourenzahl per Minute ist von 300 bis 800 variabel durch Regulierung der Benzinpumpe.

Das Benzin wird durch eine eigene kleine Pumpe in den Zylinder gespritzt, ein Vergaser ist nicht vorhanden. – Das Benzin bleibt bis zum Eintritt in den Zylinder von der Luft durchaus abgeschlossen. – Der Gang des Motors wird auch durch die Witterung oder die Temperatur in keiner Weise beeinflusst, ebenso nicht durch den Stand des Benzins im Reservoir.

Die Zündung ist eine magnetelektrische; der Magnetinduktor wiegt ca. 4 kg.

Wie schwer der Motor ist, wird nicht angegeben; jedenfalls ist sein Gewicht sowie seine Höhe (er ist vertikal angeordnet) bedeutend größer, als von gewöhnlichen Benzinmotoren gleicher Normalleistung; dazu kommt ein jedenfalls größerer Verbrauch an Kühlwasser durch den Kompressor.

Trotz alledem würde dieser Motor, wenn sich alle diese angeführten Vorteile wirklich sicher und dauernd einstellen, für automobile Zwecke geeignet, ja selbst der Dampfmaschine ein gefährlicher Konkurrent sein, denn er braucht keinen Dampfgenerator, für den eine betriebssicherere und dauerhaftere Konstruktion für Automobile überhaupt noch nicht gefunden ist. • *Professor Czischek*

Das Perpetuum mobile

Die großen Erfolge, welche vorzüglich die Mechanik zu Ausgang des Mittelalters in dem Licht, das von dem Morgenrot der auftauchenden Sonne naturwissenschaftlicher Erkenntnis ausging, erreichte, berauschte die Gemüter über alles. Warum sollte es, da man in den Wirkungen des Schießpulvers so kolossale Kräfteäußerungen erblickte, von denen man sich nicht erklären konnte, wo sie herkamen, nicht auch möglich sein, durch Federn und Getriebe geheimnisvolle Kräftequellen zu benützen, von denen man sich überall umgeben glaubte? Brachte doch die Natur in den Menschen und Tieren Mechanismen (so dachte man sich damals) hervor, welche eine Zeit lang Arbeit verrichten, dann hingehen zu sterben, aber Alles aus sich selbst produzierend. Das neugeborene Kind hatte doch die Kraft nicht wie ein ausgewachsener Mann. Es musste also der Mensch in Folge einer gewissen inneren Konstruktion Kräfte aus sich heraus zu entwickeln im Stande sein, denn er brauchte nicht wie eine Uhr aufgezogen zu werden, und konnte doch immer ein gewisses Quantum Arbeit leisten. Es schien also der Weisheit des Menschen nur aufgegeben zu sein, aus einem dauerhafteren Stoff, als es Fleisch und Blut ist, eine ähnliche Maschine herzustellen. Darin lag dann der Born materieller Glückseligkeit, die unversiegbare Quelle der Kraft und verkäuflicher Arbeit.

Mit der Erfindung des *Perpetuum mobile* wäre das Problem gelöst gewesen, deshalb haben sich Tausende von denkenden Köpfen an die Enträtselung dieser Aufgabe gemacht. Die Klarsten darunter, die mit den Gesetzen der Mechanik am meisten vertraut waren, kamen auf die eitle Darstellung menschen- und tierähnlicher Gebilde, die – durch einen inneren Mechanismus getrieben – Bewegungen machten ähnlich denen freiwillig handelnder Wesen. Die Menge mitunter höchst scharfsinnig und geistreich erfundener Automaten sind auf dem Wege nach dem *Perpetuum mobile* entstanden. Johannes Müller *(Regiomontanus)* verfertigte außer seinen Räderwerken, die den Umlauf der Planeten darstellten, eine Fliege, die auf dem Tische herumkroch, sowie einen Adler, der den Kaiser Maximilian bei seinem Einzuge 1570 an den Toren Nürnbergs mit Flügelschlagen begrüßte. Baucansons Ente fraß und gab das Verdaute wieder von sich; und ein Flötenspieler desselben Künstlers, der die Finger richtig setzte, machte großes Aufsehen. Droz setzte eine Klavierspielerin zusammen, die dem Spiel ihrer Hände mit den Augen folgte, nach der Beendigung aufstand und der Gesellschaft eine Verbeugung machte, und ein anderer Automat stellte einen Knaben vor, der auf ein untergelegtes Stück Pergament mit sicherer Hand einige Figuren zeichnete, den Staub des Bleistifts wegblies und von Zeit zu Zeit sich die gefertigte Zeichnung besah. Es waren alles eitle Spielereien, die dadurch, dass sie versuchten, die tausend verschiedenen Dienstleistungen eines Menschen auf mechanischem Wege zu vollziehen, nimmer irgendeine dauernde Beachtung beanspruchen konnten. Unsere jetzigen Maschinen unterscheiden sich dadurch wesentlich von ihnen, dass hier gerade entgegengesetzt nur eine Dienstleistung, aber anstelle von tausend Menschen verrichtet wird.

Überzeugten sich aber auch die besseren Köpfe endlich von der Erfolglosigkeit ihrer Versuche, so gab es doch viele Andere, die ohne die Bekanntschaft mit den Hilfsmitteln der Mechanik, welche ihnen die Unausführbarkeit ihrer Ideen zeigte, fort und fort dem Phantom sich selbst erzeugender Kraft nachhingen, und dabei endlich auf Pfade gerieten, die sie, nachdem die Zeit mühseliger Arbeit und das Vermögen sinnlosen Experimenten geopfert worden war, am Ende unbefriedigt, stumpf und verzweifelt ins Irrenhaus führten. Und es ist die Zeit nicht etwa vorbei, in der man an die Realisierung solcher Träume dachte. Gerade unser Jahrhundert, das die eminentesten Fortschritte auf dem Gebiete der Naturwissenschaften gemacht hat, hat die Köpfe Vieler verwirrt, die in den gesetzmäßigen Zusammenhang zwischen Ursache und Wirkung nicht zu blicken vermochten, sondern halbgebildet aber doppelt bewusst sich berufen glaubten, die letzten Geheimnisse der Schöpfung erkennen

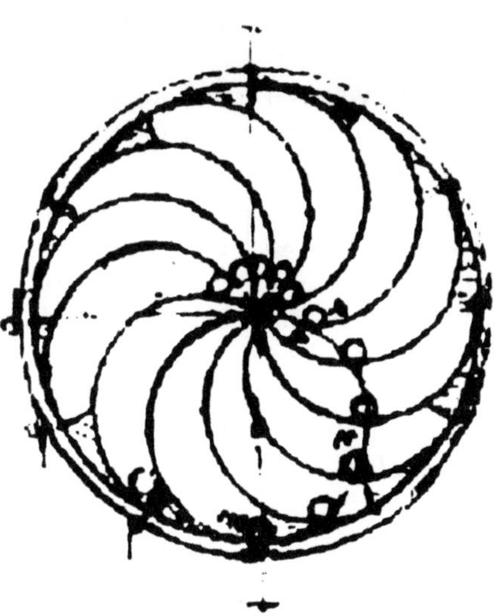

Ein Perpetuum Mobile mit Kugeln und gebogenen Führungsschienen auf einer Skizze von Leonardo da Vinci (1452–1519).

und für ihre Zwecke benutzen zu können. Eigennutz ist bei diesen mystischen Geistern gewöhnlich die Haupttriebfeder ihrer Handlungen. Man frage nur einen Professor der Physik oder einen berühmten Mechaniker oder einen Irrenarzt, wie oft ihnen der Fall vorgekommen ist, dass Menschen, die früher in glücklichen Verhältnissen gelebt haben, in geistig und materiell zerrüttetem Zustande zu ihnen gekommen sind und sie von der endlichen Ausführung des *Perpetuum mobile* unterhalten haben. Im gewöhnlichen, geräuschvollen Strom des Lebens hört man freilich wenig von diesen stillen, unglücklichen Menschen, und eben weil die Krankheit, von der sie befallen sind, eine so heimliche ist, die sich ihre Opfer lautlos holt – gewöhnlich aus der Klasse der Schuhmacher, Schneider oder kaufmännischen Spekulanten – dass man nicht allemal den einzelnen Fall bekämpfen kann. Wollen wir durch eine Darlegung der wissenschaftlichen Grundprinzipien, die bei der Darstellung eines *Perpetuum mobile* infrage kommen müssen, zur Ausrottung dieses Spukes das Unsere beizutragen versuchen. Wir werden zu diesem Ende auf einige Fragen aus der Mechanik geführt, deren Beleuchtung uns aber wenig Zeit kosten wird.

Wenn wir einen gleicharmigen Hebel in seinem Schwerpunkt aufhängen, so wird die an einem Endpunkte wirkende Kraft eine an dem anderen Ende wirkende Last von gleicher Größe zu heben imstande sein. Wirkt in einem Mühlrade das fallende Wasser, so muss, wenn ein an die Welle des Rades aufgehängtes Gewicht von einem Zentner um einen Fuß gehoben werden soll, mindestens ein Zentner Wasser um einen Fuß fallen.

Ist der Weg kleiner, den die Kraft beschreibt, so muss die Kraft größer sein; beispielsweise (da wir und dieselbe hier als eine durch die Anziehungskraft der Erde wirkende, schwere Masse vorstellen), soll das Wasser nur einen Weg von ½ Fuß zurücklegen, so muss dafür die doppelte Menge in das Rad fallen; dafür wird aber auch die halbe Kraft, wenn sie den doppelten Weg zurücklegt, eben so viel wirken. Das Produkt aus dem Weg in die Kraft muss immer gleich sein dem Produkt des Weges, den die Last zurücklegt, in die Last selbst.

Man mag nun entweder gleich an dem Umfang des Wasserrades die Last, welche allemal nur eine entgegengesetzte Kraft darstellt, wirken lassen, oder die Arbeit durch dazwischen gelegte Maschinen übertragen: Das Verhältnis und der eben ausgesprochene Satz bleibt derselbe. – Jeder Körper, der sich mit einer gewissen Geschwindigkeit bewegt, wird diese, wenn er gegen einen widerstehenden Körper trifft, verlieren und dadurch einen Druck hervorbringen, der einer gewissen Arbeit entspricht, die in ihrer Größe von der Masse des bewegten Körpers und seiner Geschwindigkeit abhängt. Das Produkt dieser beiden Faktoren nennt man die dem Körper innewohnende lebendige Kraft. Eine Büchsenkugel, die ein Lot schwer ist und mit einer Geschwindigkeit von 500 Fuß fliegt, hat ebenso viel lebendige Kraft in sich und wird bei der Hergabe derselben

ebenso viel Arbeit leisten, als eine Kanonenkugel von 5 Pfund Schwere, die nur eine Geschwindigkeit von 45 Zoll für die Sekunde hat. Genau so viel – nicht mehr und nicht weniger. Es ist dasselbe Verhältnis, wie bei dem im Wasserrad wirkenden Wasser. Lässt man eine Kugel in einer kreisförmigen Rinne herablaufen, so wird sie, wenn sie den tiefsten Punkt erreicht hat, eine Geschwindigkeit erlangt haben, vermöge welcher sie auf der anderen Seite eben so hoch wieder würde hinauflaufen können, wenn keine Reibung vorhanden wäre. Ein Pendel fällt vor und zurück, und beschreibt immer gleiche Bogen; ein Springbrunnen kann nur so hoch sich erheben, als das Wasser, welches er ausspeit, vorher in seinen Röhren gefallen ist. Beim Rückfalle wiederholt sich dasselbe Spiel. Es könnte, wenn keine Reibung vorhanden wäre, die einen Teil der Kraft aufzehrt, allerdings ewig dauern, allein eine andere Arbeit als die der Unterhaltung dieser Bewegung würde unmöglich damit geleistet werden können. Man hatte aber trotzdem mancherlei Versuche gemacht, ein *Perpetuum mobile* auf diesem Wege zu konstruieren. Bis vor dem Brand des Dresdner Zwingers konnte man dort eins aufgestellt finden, welches seiner vorzüglichen Ausführung wegen, die die Reibung sehr vermindert hatte, eine sehr lange Zeit sich in Bewegung erhielt. Es bestand aus einem Rad, das ähnlich wie ein Wasserrad an seinem Umfang Kapseln hatte. Darüber war eine Rinne angebracht, die in einer schieben Ebene aufwärtsstieg und sich auf der anderen Seite wieder senkte, der Art, dass eine Kugel, welche von den Kapseln des Rades mitgeführt werden konnte, auf der einen Seite dem Rad abgenommen wurde und, nachdem sie die Rinne durchlaufen hatte, auf der anderen wieder in eine Kapsel des Rades fiel. Bekam das ruhende Rad nun durch den Fall dieser metallenen Kugel einen Stoß, welcher es hinreichend in Drehung versetzte, dass es die Kugel in die Rinne speien konnte, und dass sie in diese zugleich Geschwindigkeit mitbrachte, welche für das Durchlaufen der schiefen Ebene, in der die Rinne lag, zureichte. So war der Stoß, den das Rad durch den darauffolgenden Fall der Kugel erhielt, nur um die Größe geringer, welche zur Überwindung der Reibung der Kugel in der schiefen Ebene und der Friktion des Radzapfens verbraucht worden war. Gab man also der Kugel anfänglich einen Vorrat an Geschwindigkeit mit auf den Weg, so wurde dieser nur sehr allmählich von der auf ein Minimum reduzierten Reibung aufgebraucht, und es hatte eine Zeit lang allerdings den Anschein, als erhielte sich wirklich die Maschine durch sich selbst in Bewegung. Wartete man es aber ab, so blieb das Ganze doch endlich stehen, da sich, weil die Reibung dieselbe blieb, die Kraft mit jeder Umdrehung verringerte.

Genau in derselben Weise geben auch alle elastischen Körper nur so viel (im allergünstigsten Falle) an Kraft wieder her, als zu ihrer Spannung verwendet wurde. Eine Stahlfeder schnellt höchstens ebenso weit zurück, als sie vorgebogen wurde, ein Gummiball, dem man durch den Fall von einer Höhe eine Kraft mitteilt, wird beim Wiederaufwärtsspringen nie die ursprüngliche Höhe wieder erreichen. Die innersten Teilchen müssen sich aneinander reiben und konsumieren dabei jedes Mal eine gewisse Kraftmenge, und je weniger derartige Körper elastisch sind, um so größer wird diese innere Reibung und um so größer das Quantum der verloren gehenden Kraft.

Alle Kraft wirkt nur durch Bewegung. Wir können bewegte Massen gewissermaßen als Sparbüchsen ansehen, in denen sich kleine Kraftmengen, die in fortdauernder Aufeinanderfolge sich wiederholen, niederlegen lassen und die man später in ihrer Summe auf einmal

verbrauchen kann. Ein kleines Kind kann eine große Glocke durch einen einzigen Stoß nicht zum Schwingen und Anschlagen bringen, sondern die Bewegung, welche die kindliche Kraft dieser großen Masse mitzuteilen imstande ist, wird kaum hinreichen, sie um einen Zoll aus ihrer Lage zu bringen. Wiederholt aber das Kind, wenn die Glocke aus der geringen Schwingung zurückgekehrt ist, jenen Stoß und setzt dasselbe Spiel fort, so wird die Glocke immer größere Bogen beschreiben und in ihren Schwingungen eine lebendige Kraft repräsentieren, welche viel größer werden kann, als die, welche ein kräftiger Mann auf einmal in ihr hervorzubringen vermocht hätte. Es ist aber dabei an Kraft nichts gewonnen worden. Wenn die Kraft, mit der das Kind jedes Mal die Glocke anstieß, hingereicht hätte, ein Pfund um einen Zoll zu heben, so wird die schwingende Glocke imstande sein, ebenso viel Pfunde, als sie Stöße erhalten hat, um einen Fuß aufwärts zu heben, aber durchaus nicht mehr, man mag Hebel oder Federn anlegen, so viel man will. Soll die Hubhöhe oder, was dasselbe ist, die Geschwindigkeit sich vergrößern, so muss sich die Last entsprechend verringern, und umgekehrt. Eine gespannte Feder, eine komprimierte Luftmenge geben, wenn sie ihre Spannung verlieren, nur das wieder her, was sie erhalten haben. Haben sie, wie die Glocke, ihren Vorrat an Kraft nicht auf einmal, sondern nach und nach aufgenommen, wie es etwa auch die Windbüchse tut. So kann ihr Effekt, wenn die angesparte Kraft auf einmal verbraucht wird, allerdings ein sehr großer sein, er ist dann aber auch ein sehr kurzer. Alle Versuche, ein *Perpetuum mobile* herzustellen, unter alleiniger Benutzung der rein mechanischen Kräfte, der Schwere, Elastizität, Druck der Gase und Flüssigkeiten, sind also danach als fruchtlose zu bezeichnen. Da durch dazwischen gelegte Maschinen, Zahnräder, schiefe Ebenen, Keile, Schrauben, Getriebe, Hebel oder Rollen keine neue Kraftquelle eingeführt wird, so ist auch kein Uhrwerk und kein Hebelwerk imstande, die Leistung in einer gewissen Zeit zu vermehren, im Gegenteil wird dadurch nur die Reibung vermehrt und der Nutzeffekt an mechanischer Kraft entsprechend verringert werden.

Außer den mechanischen Bewegungskräften gibt es aber noch eine Anzahl von Naturkräften, von denen man die Lösung des Problems erwarten könnte.

Wärme, Licht, Elektrizität, Magnetismus, chemische Verwandtschaftskräfte – alle diese sahen wir schon im Leben mechanische Kraftäußerungen hervorbringen.

Die Windmühlen, die Wassermühlen, die Dampfmaschinen werden durch Wärme in Bewegung gesetzt und sie wandeln die Wärme in mechanische Kräfte um, denn die Wärme der Sonnenstrahlen ist es, welche die Luftschicht, die über dem bestrahlten und sich erwärmenden Boden lagert, sich ausdehnen und, weil sie leichter geworden ist, nach oben zu abströmen lässt! Deshalb herrscht in den heißen Gegenden stets eine aufwärtssteigende Bewegung der erwärmten Luftschicht. In den leerwerdenden Raum dringt aus nördlichen Regionen die kalte Luft nach, es erfolgt ein Windstrom von den Polen nach dem Äquator, der sich auf dem Meere in den regelmäßig wehenden Passatwinden erkennen lässt, der auf dem Land aber durch mancherlei Ursachen von seinem normalen Laufe abgelenkt wird. Der Wind entsteht also durch dieselben Ursachen, welche das Wasser an der Oberfläche des Meeres verdunsten lassen, die Dünste weit über die Länder führen und von den Häuptern der in die Wellen ragenden Berge als Nebel und Regen wieder absetzen. Von hier entspringen die Quellen der Flüsse. Das Wasser hat den Weg bis zum Meere wieder zu durchfallen, und die Arbeit, die es auf diesem Wege verrichten kann, ist nichts als umgesetzte Wärme. In den Dampfmaschinen haben wir ein drittes Beispiel, das sich selbst erklärt.

Allein ebenso wie in diesen drei Fällen Wärme in mechanische Kraft umgewandelt wurde, so können wir in der mechanischen Kraft uns wieder eine Wärmequelle schaffen.

Jeder Druck, jeder Stoß, jede Reibung erzeugt Wärme. Wir müssen die Achsen der Wagenräder schmieren, damit sich nicht die mechanische Kraft der Pferde in Wärme verwandle und das Holz entzünde; manche Mühle wurde ein Raub der Flammen lediglich in Folge der Wärme, welche durch erhöhte Geschwindigkeit und vermehrte Reibung erzeugt wurde; durch geschickt nacheinander angebrachte Hammerschläge lässt sich ein Stück Eisen glühend machen, und Vielen ist wohl das Feuerzeug noch in Erinnerung, dessen sich die Fuhrleute früher bedienten. Es bestand aus weiter nichts, als aus einer metallenen Röhre, in der durch einen Druck Luft komprimiert wurde; die dadurch erzeugte Wärme reichte hin, den auf dem Boden der Röhre befindlichen Schwamm zu entzünden.

Elektrische und magnetische Kräfte lassen sich ebenso in Wärme oder gleichbedeutend in mechanische Kraft überführen, umgekehrt aber kann man wieder durch Bewegung Ströme von Elektrizität erzeugen. Es kam nun ein Amerikaner auf die Idee, durch diese Ströme Wasser in seine beiden Bestandteile, Wasserstoff und Sauerstoff, zu zerlegen, den Wasserstoff im Sauerstoff zu verbrennen und durch die dabei entstehende große Hitze nicht nur das bekannte Drummondsche Licht zu erzeugen, sondern auch eine kleine Dampfmaschine damit in Bewegung zu setzen, welche ihm die Umdrehung des

Magnetes, durch welche die elektrischen Ströme erzeugt werden, besorgen sollte. Dies wäre nun ein *Perpetuum mobile* gewesen. Aber leider war das *mobile* nicht *perpetuum*, und wir wollen ähnliche Beispiele nicht erst aufzählen, da es uns ja nur daran lag, durch dieses eine den Zusammenhang aller physikalischen,

Perpetuum mobile: Ein Wasserrad treibt eine archimedische Schraube und einen Schleifstein. Holzschnitt um 1580.

mechanischen und chemischen Kräfte untereinander und ihre Verwandlung in Wärme, den Maßstab, nach welchem man jede mechanische Arbeitsleistung bemessen kann, zu zeigen. Lässt sich denn aber nun nicht durch irgendeine Verknüpfung dieser Beziehungen ein positiver Gewinn an Arbeitskraft ermöglichen? Genau so, wie sich die Frage bei den rein mechanischen Bewegungskräften verneinte, tut sie es auch für diese eben betrachteten Kräfte, und wir können mit Sicherheit sagen, sie verneint sich auch für alle etwa noch zu entdeckenden.

Es besteht nämlich in der ganzen Welt das Gesetz, dass von allem, was darin ist, mag es Masse oder Bewegung sein, mag es Materie oder Kraft heißen, nicht das geringste Teilchen verloren gehen kann. Für jedes verloren gehende Fußpfund Kraft wird ein gewisses Äquivalent Wärme gewonnen, die sich, indem sie sich anderen Körpern mitteilt und Ursache chemischer Prozesse oder elektrischer Erregungen wird, früher oder später wieder in Arbeitskraft umwandelt, und zwar in ihrer Wirkung dann genau wieder ein Fußpfund repräsentiert.

Es gibt z. B. ein Pfund Kohle, wenn es verbrennt (also, indem es sich mit Sauerstoff verbindet, einen chemischen Prozess durchmacht), so viel Wärme, dass 8086 Pfund Wasser um einen Grad Celsius erwärmt werden; daraus lässt sich berechnen, dass die Summe der Anziehungskräfte, welche zwischen den kleinsten Teilchen eines Pfundes Kohlenstoff und denen des zu seiner Verbrennung nötigen Sauerstoffs herrschen, imstande ist, 100 Pfund auf 4½ Meilen Höhe zu heben. Verwenden wir dasselbe Quantum Kohle zur Heizung einer Dampfmaschine, so werden wir einen solchen Effekt nimmermehr zu

erzielen imstande sein, denn ein großer Teil dieser Kräfte geht durch Reibung als Wärme an andere Körper über, ein anderer noch größerer verfliegt wegen mangelhafter Einrichtung unserer Öfen durch die Esse, – was uns als verwendbare Kraft bleibt, sind bei den besten Expansions-Dampfmaschinen höchstens 18 %.

Die Kohle hat sich nun bei dieser Verbrennung in Kohlensäure umgewandelt, welche sich der Atmosphäre mitteilt und aus dieser durch die Pflanze wieder aufgesaugt wird. Unter Zutritt der Sonnenstrahlen verwandelt die Pflanze die Kohlensäure wieder in Verbindungen,

Elektrisches Perpetuum mobile Ende des 19. Jahrhunderts: Ein Elektromagnet treibt über eine Kurbel einen Dynamo, der den Elektromagneten mit Strom versorgt.

welche weniger Sauerstoff enthalten; den freiwerdenden Sauerstoff hauchen die Blätter aus. Licht und Wärme sind aber, damit dies geschehen kann, unumgänglich notwendig, sie werden von der Pflanze verschluckt, und wenn man die Mengen dieser beiden Kräfte, so wie die chemischen Kräfte, welche von der seit der Aufnahme der Kohlensäure in den

Organismus der Pflanze, durch alle ihre Umwandlungsphasen in Stärkemehl, Zucker, Holzfaser und endlich bei der schließlichen Verwandlung des Holzes in Kohlenstoff verbraucht worden sind, wenn man alle diese, in Wärme ausgedrückt, messen könnte, so würden wir finden, dass ihre Summe genau der Kraftmenge entspricht, welche wir beim Verbrennen eines Pfundes Kohle als Wärme erhielten.

Ebenso wenig, wie ein Teilchen Kraft verloren ging, eben so wenig ist ein Teilchen Stoff untergegangen. Die Kohlensäuremenge, welche aus einem Pfunde Kohlenstoff sich entwickelt, gibt uns, nachdem sie den Kreislauf durch das Reich des organischen Lebens gemacht hat, ein Pfund Kohlenstoff wieder zurück.

Elektrische und magnetische Kräfte rufen wir durch chemische Prozesse hervor. Aber die Schwefelsäuremenge, welche wir in den galvanischen Batterien verbrauchen, und die Quantität Zink, welche verzehrt wird, hat zur Herstellung eben so viel Kraft und Wärme erfordert, als durch die elektro-magnetische Maschine, in der diese beiden arbeiten, geleistet wird.

Das Tier, welches uns seine Kräfte leihen soll, müssen wir eben wie eine Dampfmaschine mit Kohlenstoff versehen. Es atmet denselben als Kohlensäure wieder aus. Alle Nahrung ist bei Tier und Menschen nichts weiter, als eine Heizung der Maschine, welche die Wärme in Kraft umsetzten soll. Ein Arbeiter, der viel schwere Last getragen, hat mehr Hunger, als der, welcher während dieser Zeit geschlafen. Im nördlichen Klima, wo die Luft und Sonne dem Körper nicht so viel Wärme gibt, als im südlichen, muss durch eine fettere, kohlenstoffreichere Nahrung die nötige Wärme und Kraftmenge erzielt werden. Auch der Mensch also schafft aus sich heraus keine Kraft. Er ist nichts als eine Maschine, die man, wenn man alle jene unzähligen Vorgänge der Kraftaufnahme und des Kraftverbrauchs genau zu bestimmen vermöchte, eben so genau in ihrer Wirkung berechnen könnte, als ein mathematisch konstruiertes physikalisches Instrument.

Nirgends wird also Kraft gewonnen. Wohl aber wird bei jeder Maschine, die zur Kraftumsetzung dient, mag sie aus dem Atelier eines Mechanikers oder als Tier oder Mensch aus der nie ruhenden Werkstätte der Natur direkt hervorgegangen sein, Kraft als Wärme verloren, die durch Ausstrahlung an andere Körper übergeht und sich der Benutzung als mechanische Kraft entzieht. Daran scheitert jeder Versuch, ein *Perpetuum mobile* herzustellen.

Was an Kraft in der Natur vorhanden ist, das kann der Stoff benutzen, er nimmt es aber nur leihweise, wechselt es in mannigfacher Weise um und gestaltet sich dadurch zum vielbewegten Leben.

Schaffen kann der Stoff keine Kraft, ebenso wenig der Mensch. Deshalb suche man nicht nach dem *Perpetuum mobile*, sondern sinne und denke nach, den gegebenen Reichtum an Kraft, der in der Natur enthalten ist, möglichst zu nutzen, das heißt, ihn rasch zu verwerten und rasch zu verbrauchen. ❐

Die Ölgaslampe

PFENNIG MAGAZIN · 4.9.1841

Viel Aufsehen erregt jetzt eine von den Klempnern Benkler und Ruhl in Wiesbaden an gewöhnlichen Argandschen Lampen angebrachte Verbesserung, deren überraschender Erfolg dieser Lampe in wenigen Tagen allgemeinen Eingang in der Umgegend verschafft hat. Es bedarf weiter nichts als der Hinzufügung eines einfachen Teils, um eine gewöhnliche Öllampe mit rundem Docht mit geringen Kosten in eine ›Ölgaslampe‹, welchen Namen die Erfinder der Lampe mit Recht wegen ihres der schönsten Gasflamme an Glanz und Leuchtkraft gleich kommenden Lichtes geben, zu verwandeln. Die Verbesserung selbst besteht darin, dass man die Flamme der Öllampe nötigt, durch die Öffnung eines über den kreisförmigen Docht gestürzten trichter- oder halbkugelförmigen Aufsatzes zu brennen, deren Durchmesser so groß oder etwas kleiner als der des Dochtes ist; dass man einen lebhaften doppelten Luftzug herstellt, durch welchen die Flamme verdichtet wird, und dass man den Zutritt der Luft zu dem aus der Trichteröffnung hervorbrennenden Teil der Flamme von der Seite her gänzlich absperrt. Steckt man den Docht an und deckt den trichterförmigen Aufsatz darüber, so brennt die Flamme aus der Öffnung desselben flackernd und rauchgebend hervor; hat man aber die gläserne Rauchröhre aufgesetzt und so den Zutritt der Luft von der Seite her abgeschlossen, so brennt die Flamme sogleich unter gänzlicher Rauchverzehrung mit einem hellen, der schönsten Gastflamme an Weiße und Glanz gleichenden Licht. Der Ölkonsum ist bei dieser Einrichtung der Lampe freilich größer als ohne dieselbe. ❑

Springfedern aus Kork

DIE GARTENLAUBE · 1869

Stahl bildet bekanntlich vorzugsweise das Material für elastische Federn. Die Nordamerikaner haben jetzt angefangen, denselben durch einen anderen Stoff zu ersetzen, dem man die Befähigung hierzu kaum zutrauen sollte, nämlich Kork. Zur Anfertigung dieser neuartigen Federn erweicht man vorher die Korkstücke in einem Gemisch von Wasser und Sirup, schneidet sie in Scheiben von sechs oder sieben Zoll Durchmesser, durchlocht diese in der Mitte, schichtet eine Anzahl derselben in einen eisernen Hohlzylinder und presst sie in einer hydraulischen Presse so weit zusammen, dass die Korksäule auf die Hälfte ihrer ursprünglichen Höhe reduziert wird. Nachdem nun durch das System ein eiserner Schraubbolzen geschoben und eine Mutter gegengeschraubt ist, kann die Presse gelöst werden und die Feder ist fertig. In einer New Yorker Maschinenfabrik sind derartige Federn schon seit fünf Jahren in Anwendung und haben sich bei den gewaltsamsten Stößen und schwersten Drücken, die in der Praxis vorkommen können, so unversehrt erhalten, dass man ihnen das Prädikat ›unverwüstlich‹ beilegen möchte. ❑

Eisenbahnschienen aus Papiermasse

ZENTRALBLATT DER BAUVERWALTUNG 28.4.1883

Die Chicago- und Milwaukee-Eisenbahn beabsichtigt demnächst, versuchsweise Eisenbahnschienen aus Papiermasse statt Stahlschienen in Gebrauch zu nehmen. Bei Herstellung der Schienen wird die Papiermasse einem sehr hohen Druck unterworfen; sie soll dadurch, dem Engineering zufolge, eine solche Härte und Unveränderlichkeit erlangen, dass die schwersten Lokomotiven darüber fahren können, ohne einen Eindruck zu hinterlassen und ohne dass irgendein nachtheiliger Einfluss der Atmosphäre wahrgenommen werden kann. Als weitere Vorteile des neuen Materials werden genannt: Verminderung der Zahl der Schienenstöße und der Längenänderung der Schienen durch Temperaturwechsel, also sanfteres Befahren, geringere Abnutzung des rollenden Materiales, Vermehrung der Adhäsion und schließlich eine Kostenersparnis von etwa einem Drittel des Preises der Stahlschienen. Über Form und Abmessungen des Querschnitts ist in der Quelle leider nichts angegeben. ❐

F. Bains Verbindungsmuff für elektrische Leiter

POLYTECHNISCHES JOURNAL 18.5.1887

Einen von den bisher benutzten Verbindungsmuffen für Telegrafenleitungen abweichenden, röhrenförmigen Muff hat Forée Bain in Chicago angegeben. Nach der *ELECTRICAL WORLD* besteht dieselbe, wie die Textfigur erkennen lässt, aus einem entsprechend langen Rohrstücke, dessen innerer Durchmesser so gewählt ist, dass der zu verbindende Draht bequem hineingesteckt werden kann.

Dieses Rohr hat drei über die ganze Länge gleichmäßig verteilte Ausschnitte, von denen die beiden äußeren in einer entlang des Muffes laufenden Geraden liegen, während der mittlere auf der entgegengesetzten Seite angebracht ist. Zur Herstellung der Verbindung werden beide Drahtenden sorgfältig gereinigt und in den Muff so weit hineingesteckt, dass sie sich beim mittleren Loch treffen. Auf diesen Stoß der Drahtenden wird nun ein Stück Lot gelegt und die Röhre mit einer Lötlampe oder einem sonst geeigneten Lötapparat erhitzt, bis das Lot schmilzt, wobei es den Zwischenraum zwischen Röhre und Draht ausfüllt und beide innig verlötet. Ebenso füllt man dann – falls nötig – die beiden anderen Löcher mit Lot und feilt sie außen sorgfältig rund ab.

Diese Verbindung eignet sich für jede Leitung, bietet dieselbe Festigkeit wie der Draht und ist wesentlich leichter herzustellen als das bis jetzt gebräuchliche Zusammendrehen der Drähte, bei welchem in Folge ungenügender Berührung der Drähte die Verbindungsstelle oft größeren Widerstand bietet als die Leitung selbst. Da die neue Verbindung außen glatt ist, kann sich an ihr auch keine Feuchtigkeit ansammeln, welche zum Zerfressen des Drahts Veranlassung gibt. Da weniger Draht gebraucht wird, stellen sich auch die Kosten dieser Verbindung nicht höher als die der alten; ohne Nachteil kann man kurze Drahtstücke verwenden. ❐

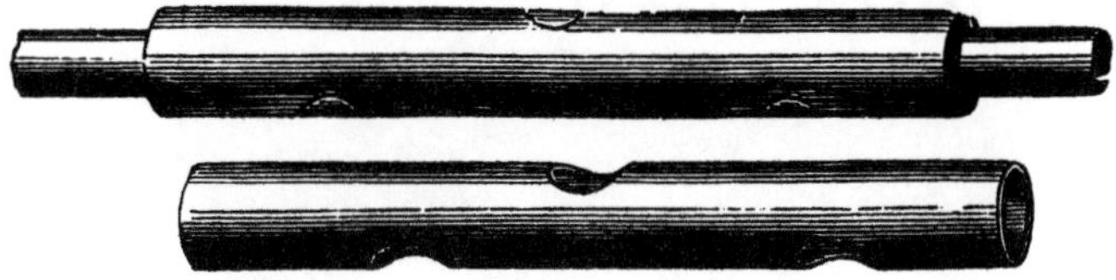

Teslas Versuche

PROMETHEUS   4.10.1893

Einem Bericht der Zeitschrift für Elektrotechnik über die weiteren Versuche und Forschungen Teslas entnehmen wir Folgendes. Bei den Versuchen, welche in mehreren amerikanischen Städten vor zahlreichen Zuhörerschaften vorgenommen wurden, entwickelte dieser hervorragende Elektriker Ströme mit Hunderttausenden von Spannungseinheiten sowie mit Millionen von Richtungswechseln. Er ließ diese Ströme durch Glasröhren und Lampen fließen, welche dadurch zaubervolle Lichtwirkungen aufwiesen. Isolierte Drähte von mehreren Metern Länge erglänzten in phosphoreszierendem Glanz. Ferner zeigte Tesla wiederum, dass man luftleere Röhren oder Lampenkörper nur in den Raum zu bringen braucht, wo solche Ströme erzeugt werden, um sie zum Leuchten zu bringen, ohne dass sie mit der Elektrizitätsquelle in leitender Verbindung stehen.

Ferner leitete Tesla durch seinen Körper Wechselströme von 250 000 bis 300 000 Volt Spannung ungestraft hindurch. Leider verschwieg er aber vorläufig, durch welche Anordnung er das Kunststück zuwege bringt, welches allen bisherigen Anschauungen schnurstracks zuwiderläuft und zeigt, dass wir dereinst wahrscheinlich Ströme von bisher unerhörter Spannung gefahrlos in die Häuser und über die Straßen weg werden leiten können. In dieselbe Versuchsreihe gehörte das Experiment mit einem Hochspannungs-Transformator, an dessen einem Wickelungsende eine Spannung von 200 000 Volt bestand. Tesla berührte das andere Wickelungsende, und nun gingen Ströme bläulichen Lichts von seinen Fingerspitzen ab. Endlich zeigte er die Wirkung der Luft zwischen zwei Kondensatorplatten. Wurden diese mit den Enden des vorgenannten Transformators verbunden, so erstrahlte der etwa 25 cm betragende Raum zwischen den Platten in bläulichem Licht. Hierbei entwickelten sich Ozon und salpetrige Säure und verbreitete sich der Geruch, welcher derartige Entwicklungen kennzeichnet.   ❑

Nikola Tesla
Erfinder, Physiker und Elektroingenieur (1856 – 1943)

Handel & Industrie

Gemüsemarkt 1902 im ukrainischen Kiew.

›Der Goldwäger und seine Frau‹.
Öl auf Holz, 1514. Quentin Massys (1466–1530)

Das Prägen einer Medaille

Im Sommer vorigen Jahres hat die Pariser Münze eine prächtige Medaille geprägt, welche man dem hervorragenden Graveur Chaplain verdankt und die dazu bestimmt ist, ein Zeichen der Erinnerung an die Reise des Kaisers und der Kaiserin von Russlaud nach Frankreich zu bilden. Alle, welche diese Medaille sahen, bewunderten die Zeichnung und die Feinheit der Ausführung.

Nun, die Bewunderung ist ganz gut, – wie aber bringt man solche Meisterwerke fertig? Wie verfährt man in der Münzanstalt?

Das russische Herrscherpaar wünschte bei dem Besuch, den es dem Quai Conti abstattete, mit dieser Arbeit bekanntgemacht zu werden, und Ihre Majestäten wohnten dem Prägen einer Medaille bei. Auch uns lag daran, schreibt W. Leroy, in den Werkstätten das zu sehen, was der Zar und die Zarin schon gesehen hatten. A. Patey, Graveur der Münzen, war so gefällig, uns an Ort und Stelle die aufeinanderfolgenden Verfahren zu zeigen, mittelst denen die so hervorragenden Medaillen geprägt werden, welche aus der französischen Münze hervorgehen.

Der Künstler, welcher sich die Ausführung einer Medaille vornimmt, muss zunächst einen oder mehrere Entwürfe zeichnen. Er fasst die Einzelheiten genauer, indem er entweder lebende Modelle nimmt oder Gliederpuppen benutzt, welche er nach seinem Belieben bekleidet. Sobald die Komposition festgestellt ist, wird sie als Basrelief ausgeführt; hierzu bedienen sich einige Künstler des Wachses, andere der Tonerde. Ist das Modell genügend vorgeschritten, so wird es abgedruckt. Der in Gips erzielte Probedruck wird verbessert, von neuem abgedruckt, in dem vertieften und in dem erhabenen Teile immer wieder vorgenommen, bis kein Tüpfelchen mehr daran fehlt. Dieses Modell wird nun dem Gießer übergeben, welcher ein Probestück in Eisenguss oder in Glockenmetall macht. Man bedient sich bisweilen auch eines Galvanos, das vernickelt worden ist, damit es mehr Widerstandsfähigkeit hat. Dieses Probestück in größerem Maßstab dient nun als Vorbild für die Verkleinerung, welche mittelst eines besonderen Verfahrens unter Anwendung des Pantographen erzielt wird, – eine Verkleinerung in der gewünschten Größe, auf einem Stück gut ausgeglühten Stahles. So entsteht der ›Stempel‹. Oft kann es der Fall sein, dass der erste Stempel nur ein Versuch ist, den der Graveur sehr sorgfältig verbessert, indem er jede Linie wieder vornimmt, bis er mit seinem Werk zufrieden ist.

Der endgültige Stempel wird hierauf derart gehärtet, dass ihm eine große Widerstandsfähigkeit mitgeteilt wird. Diese Härtung erfordert nun gewisse besondere Vorsichtsmaßregeln. Der Stempel darf nicht in direkte Berührung mit dem Feuer kommen. Man legt ihn, das Gepräge nach unten, in eine Schachtel von Eisenblech oder in einen Topf von feuerbeständigem Erdreich und umgibt ihn allseitig mit zerpulverter Holzkohle. Das Ganze wird alsdann im Ofen auf eine Temperatur von 700 – 800° gebracht, je nach der Beschaffenheit des Stahls; dann wird der Stempel plötzlich in Wasser getaucht.

Hieran wird der also gehärtete Stempel fest in einen eisernen Mantel *(Abb. 1 A)* oder in eine Art eisernen Ring gefasst, welcher ihn festhält und ihm gestattet, der Zerquetschung zu widerstehen, wenn der Augenblick gekommen ist, wo er unter das Druckwerk der Prägmaschine gerät.

Mit diesem Stempel in erhabener Arbeit muss nun der eigentliche Prägestock zugerichtet werden, das heißt, ein Modell in vertiefter Arbeit. Man nimmt ein Stück mild gehärteten, gut ausgeglühten Stahles, das um einen Durchmesser größer ist als der Stempel und hinreichend dick, dass es noch ein wenig Elastizität besitzt. Eine seiner äußeren Flächen läuft in eine Spitze aus *(Abb. 1 B)*. Der Stempel ist unter die Schraube des Druckwerks der Präg-

maschine gelegt worden. Unsere *Abb. 2* stellt die Gesamtansicht dieser Maschine dar. Das Druckwerk beherrscht eine im Mittelpunkt befindliche Schraube, welche bei ihrer niedersteigenden Bewegung auf den Gegenstand, den man ihr aussetzt, einen entschiedenen Druck ausübt. Man setzt die Spitze des Stahlstückes, das zum Prägestock umgewandelt werden soll, gerade auf den Mittelpunkt oberhalb des Stempels unter die Schraube der Prägemaschine. Dann bringt man das Druckwerk in Bewegung, um den Druck hervorzurufen. Das Druckwerk geht herab, anfangs sanft, um den Stempel nicht zu verunstalten, hierauf gibt man einen zweiten und dritten Schlag des Druckwerks. Die Spitze des Stahlstückes wird zerquetscht und nimmt in vertiefter Darstellung einen Teil vom Gepräge des Stempels auf. Der Prägestock beginnt sich zu zeichnen. Das Gepräge oder der Prägestock wird darauf wieder geglüht, und zwar unter Luftabschluss;

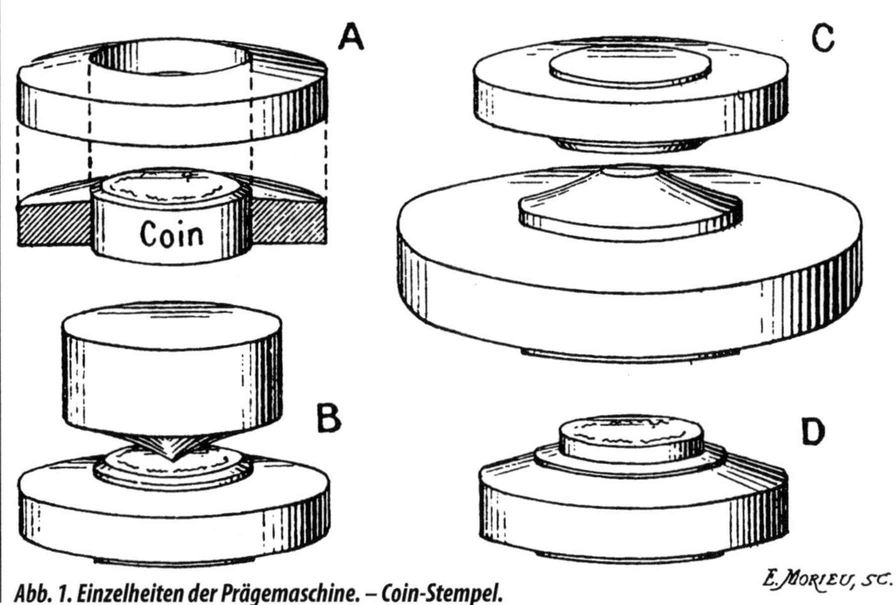

Abb. 1. Einzelheiten der Prägemaschine. – Coin-Stempel.

man lässt ihn nun sehr langsam erkalten, und am folgenden Tage beginnt das Verfahren von neuem. Jetzt kehrt man die Anordnung des Stempels und des Prägestockes um: der Stempel wird diesmal nach oben gesetzt *(Abb. 1 C)* und der Prägestock nach unten in einen starken ringförmigen Einsatz oder Mantel, um jede Gefahr einer Zerquetschung zu vermeiden. Die als Merkzeichen dienenden Punkte sind sehr sorgfältig gewählt worden, damit die Bilder sich nicht doppeln und die schon gezogenen Linien gut übereinstimmen. So fährt man im Prägen fort und gibt so lange Schläge des Druckwerks, bis man die nötigen Hohlpartien und die Reinheit der Linien erreicht hat.

Das Metall fügt sich diesem Verfahren mehr oder weniger leicht; auch hilft der Graveur mit dem Grabstichel und der breiten Radiernadel nach, damit die Zeichnung hervortritt. Wenn das Zuschlagen beendigt ist, so wird

Abb. 2. Gesamtansicht der Prägemaschine.

das münzenartige Stück ringsum abgedreht, dann freigelegt unter einer Form *(Abb. 1 D)*, die ihm erlaubt, im Prägering eingeschachtelt zu bleiben; hierauf wird es mit den Handwerkszeugen endgültig verbessert und mit peinlicher Sorgfalt beendigt; man härtet es und legt es in einen Mantel, wie vorher den Stempel. So hat man nun die Vorder- oder Oberseite erhalten.

Die Rück- oder Unterseite wird auf dieselbe Weise hergestellt. Man könnte den Prägestock direkt herstellen, indem man in vertiefter Arbeit in einen Stahlblock graviert; aber wenn ein Riss beim Härten oder während der Herstellung der Medaillen einträte, so müsste man die ganze Arbeit von neuem beginnen.

Nachdem die münzartigen Hohlstücke, Vorder- und Rückseite, hergestellt sind, kann man jetzt zum eigentlichen Prägen übergehen.

Um die Medaillen zu prägen, muss man sich des Prägeringes *(Abb. 2 B)* bedienen, der dazu bestimmt ist, die Stempel einzuschachteln und das Metall am Austreten über den Rand und an der Ausbreitung unter dem Drucke zu hindern. Dieser Ring besteht aus Stahl und Eisen und ist gehärtet. Sobald die Stempel festgemacht sind, nimmt man, um die Medaille herzustellen, einen aus einer zur nötigen Dicke geschlagenen Metallplatte vorläufig roh geschnittenen Fladen. Dies ist die nackte Medaille. Einer der Stempel wird mit der Oberseite unter das Druckwerk gebracht; der Ring schachtelt ihn ein. Obenan legt man den Metallfladen, darüber noch den Stempel der Rückseite und gibt zwei Schläge mit dem Druckwerk. Der Stempel der Rückseite wird nun weggenommen, dann der Ring, welcher die Medaille fest einschachtelt. Dieses Verfahren ist es, welches *Abb. 2* darstellt. Nun wird der Fladen mit Hilfe eines unten ausgehöhlten Werkzeuges, das nur die Ränder wegnimmt, und durch einen einzigen Hammerschlag aus dem Ring getrieben. Aber noch ist die Sache nicht ganz beendigt. Man hat auf diese Weise einen ersten, leidlich vollkommenen Probeabzug erhalten. Indessen muss man, um die Vollkommenheit zu erreichen, noch zu mehreren Schlägen des Druckwerks seine Zuflucht nehmen, 2 oder 3 für Medaillen von kleinem Durchmesser, 6, 7, 8 – 30 für diejenigen von großem Durchmesser. Auch müssen nach jedem Verfahren die Fladen wieder dem Ausglühen und Putzen ausgesetzt werden; es ist weiter ratsam, die Ränder zu feilen und zu drechseln, damit die Medaille leicht in den Ring eintreten kann und das Unterlegen nach Merkzeichen sich genau vollziehe.

Man sieht, dass die Reihe all dieser Verfahren umfassend und mühsam ist. Das Prägen einer Medaille erfordert ein sehr großes Künstlertalent, aber auch die äußerste Geschicklichkeit des Praktikers. ❒

Eine Art einer Mühle

SCHATZKAMMER MECHANISCHER KÜNSTE • 1620

Diese ist eine Art einer Mühle, welche man mit dem Wasser, das durch den Kanal *N.* herein läuft, machet zu mahlen.

Denn so dasselbige Wasser das Rad *I.* umtreibet, treibt es auch herum die Laterne *C.*, die an des Rades Achse gesteckt ist. Indem sie mit ihren Spindeln die oberen Zähne des Rades *O.*, das ringsherum gezähnt, ergreift, treibt sie dasselbige samt der Laterne *L.*, welche auf der einen Seite des Rades ist, auch herum. Wenn dann auf dieser Laterne ein Baum eingesteckt, welcher rechtwinkelig in die untere Ebene des oberen Mühlsteins *A.* eingemacht ist, verursacht die Laterne den Mühlstein herumzugehen. Und so mahlt derselbige also das Korn, das von dem Rumpf *V.* herunter fällt, wie in der Figur zu sehen ist. ❒

Die preußische Torfpressmaschine

Mitteilung von A. Busch, Rittergutsbesitzer in Gr. Massow bei Zewitz in Pommern

NEUESTE ERFINDUNGEN UND ERFAHRUNGEN • 1878

Die preußische Torfpresse, wie sie nach vielfachen Verbesserungen sich jetzt als am vorteilhaftesten herausgestellt hat, besteht aus einem etwa 2 m hohen, 60 cm weiten, auf einem Schlitten angeketteten Holzbottich von starken Bohlen, durch den in senkrechter Richtung eine starke eiserne Welle läuft, welche nach Art eines Tonschneiders mittelst eines Zugbaums durch ein Pferd in Bewegung gesetzt werden kann, auf welcher unten eine sich mitdrehende eiserne Scheibe, darüber drei vollständige Schraubenschnecken und darüber drei Drittelschraubensegmente, welche auf der Welle so arrangiert sind, dass sie ebenfalls einen vollständigen Schneckengang bilden, befestigt sind. Mehrere in den Bottichwänden befestigte Messer und durchgehende Eisenstangen verhindern, dass die Torfmasse sich auf den Schnecken festsetzt und mit der Welle sich herumdreht. Der Bottich hat an der hinteren oberen Seite einen Einschnitt zum Hineinwerfen der rohen Torfmasse und unten vorn ein eisernes Mundstück, welches durch einen einfachen Hebel zu öffnen ist, und in dem sich eine hölzerne konische Form befindet, durch welche der Presstorf in vier schönen glatten endlosen Strängen auf einen etwas geneigt stehenden Tisch heraustritt, auf dem er in beliebig lange Stücke geschnitten werden kann. Die ganze Maschine enthält so durchaus unzerbrechliche Teile, dass der Besitzer einerseits nicht den Mangel einer Maschinenfabrik in der Nähe zu fürchten hat, andererseits der Fabrikant auf die weiteste Entfernung hin vollständige Garantie übernehmen kann.

Zum Betreiben der Maschine gehören ein fleißiges Pferd, drei Männer und drei bis vier Mädchen oder Knaben, je nach der Entfernung und Größe der Trockenplätze. Nur wenn der Torf ganz im Wasser steht, oder sehr weich und nass ist, muss derselbe vorher ausgeworfen werden und etwas abtrocknen; ebenso muss ganz trockene Torfmasse angefeuchtet werden; in der Regel wird aber jeder Torf, wie er im Moor liegt, nach bloßer Entfernung der obersten Paltenschicht zu verwenden sein; ist der Torf in den verschiedenen Lagen von sehr verschiedener Beschaffenheit, so ist ein Durcheinanderwerfen dieser Lagen beim Auswerfen und Herankarren empfehlenswert.

Die Maschine wird ungefähr 8 m von dem Torfgraben entfernt, mit der Öffnung zum Einwerfen des Torfes diesem zugekehrt, aufgestellt.

Der Zugbaum ist ca. 5 m lang, 10 – 15 cm stark zu wählen und kann 2 m über die Welle fortreichen, um den einseitigen Druck desselben abzuschwächen. Am passendsten ist die Länge des Zugbaums so zu wählen, dass die horizontale Linie von dem am Zugbaum befindlichen Zughaken bis zur Mitte der Maschine 4,25 m beträgt. Ist die Entfernung größer, so hat das Pferd nicht so schwer zu ziehen, aber die Leistung ist auch entsprechend geringer und umgekehrt. Wenn das Bruch nicht ganz fest ist, so muss für das Pferd eine Umlaufbahn von Brettern, aus einzelnen Kreissegmenten bestehend, etwa 1 m breit, hergestellt werden.

Das Auswerfen des Torfs geschieht in regelmäßigen Gräben, die, je nachdem der Torf flach oder tief steht, 1 – 2 m breit gezogen werden können. Ein Mann besorgt das Auswerfen, wobei darauf zu halten ist, dass die verschiedenen Schichten des Torflagers untereinander gemischt werden, der zweite Mann karrt die Torfmasse zur Maschine, der dritte Mann wirft die Masse hinein und hat zugleich darauf zu sehen, dass das Pferd in regelmäßigen Gang bleibt.

Der Abschneidetisch wird so vor die Form gestellt, dass die obere Seite der Tischplatte mit der unteren Kante der Öffnung in der Form genau abschneidet, derselbe muss stets mit Wasser besprengt und nass gehalten, ebenso das vordere Ende 10 cm niedriger gestellt werden, damit die vier Torfstränge nicht aufwärts, sondern abwärts fortgeschoben werden.

Die Verfertigung von Schiffszwieback

PFENNIG MAGAZIN • 14.7.1841

Der Schiffszwieback vertritt bekanntlich für den Seemann die Stelle des Brotes und ist oft das einzige Gebäck, das er Wochen, ja Monate lang genießen kann. Gewöhnliches Brot kann aus vielen Gründen zu langen Seereisen nicht gebraucht werden. Der wichtigste darunter ist, dass es, vor der Reise gebacken, wegen des darin enthaltenen Gärungsstoffes (der Hefe) in kurzer Zeit schimmelt und ungenießbar wird, die Bereitung desselben am Bord des Schiffes aber würde gleichfalls ganz untunlich sein. Schiffszwieback enthält keine Hefe und ist gut ausgebacken, erleidet daher während einer langen Seereise nur geringe Veränderung. An Bord der englischen Kriegsschiffe erhält jeder Mann der Besatzung täglich etwa ein Pfund (sechs Stück) Schiffszwieback, woraus man abnehmen kann, wie bedeutend der Vorrat von Schiffszwieback sein muss, den ein großes Schiff mit zahlreicher Mannschaft für mehrere Monate braucht. In England bedient man sich gegenwärtig zur Verfertigung von Schiffszwieback der Backmaschinen, da man im letzten Krieg die Handbäckerei zu langsam und kostspielig gefunden hatte, und unstreitig ist gerade diese Gattung von Bäckerei zur Anwendung von Maschinen vor allen geeignet.

Die früher übliche Handbäckerei ging zu Gosport in England auf folgende Weise vor sich: Das königliche Backhaus enthielt neun Öfen und bei jedem waren fünf Arbeiter angestellt. Die nötige Mischung von Mehl und Wasser wurde in einen großen Trog getan und der erste Arbeiter brachte dieselbe mit bloßen Armen in die Form eines Teiges, was eine sehr mühsame Operation war. Dann wurde der Teig aus dem Trog genommen und auf eine hölzerne Plattform, genannt die Breche, gelegt. Auf dieser Plattform bewegte sich eine Walze von 25–30 cm Durchmesser und 2,2 m Länge. Das eine Ende derselben war lose in der Wand befestigt und der auf dem an dem Ende reitende oder sitzende Arbeiter, genannt der Brecher, bewegte die Walze auf dem Teige hin und her. Sobald der Teig durch diese seltsame Methode in eine dünne Schicht verwandelt war, wurde er auf den Formtisch gebracht und mittels eines großen Messers in Streifen geschnitten. Jeder derselben wurde sodann in Stücke von der Größe eines Zwiebacks geschnitten, denen mit der Hand eine kreisrunde Form erteilt wurde. Sowie ein Zwieback geformt war, wurde er einem zweiten Arbeiter zugereicht, der des Königs Stempel, die Nummer des Ofens usw. darauf drückte. Der Zwieback wurde nun durch ein geeignetes Instrument mit Löchern versehen und zum Schluss einer Operation unterworfen, die eine ganz besondere Geschicklichkeit erheischte. Vor der offenen Tür des Ofens stand nämlich ein Mann, in der Hand den Griff einer langen Schaufel (das

Backbrett) haltend, deren anderes Ende im Ofen lag. Ein anderer Arbeiter nahm die Zwiebacke, sobald sie geformt und gezeichnet waren, und schob oder warf sie in den Ofen mit solcher unfehlbarer Genauigkeit, dass sie immer auf die Schaufel fielen. Der die Schaufel haltende Arbeiter ordnete dann die Zwiebacke auf der ganzen Fläche des Ofens. Alle diese Arbeiten wurden mit größter Pünktlichkeit vollzogen. In einer Minute wurden immer 70 Zwiebacke in den Ofen geschoben und geordnet; die Verzögerung einer Sekunde bei einem einzigen Arbeiter hätte den ganzen Gang der Arbeit gestört. Da der Ofen während der Zeit der Füllung offen gehalten wurde, so währe ohne eine besondere Veranstaltung der zuerst hineingeschobene Zwieback zu stark gebacken worden, deshalb wurden die zuerst in den Ofen zu schiebenden Zwiebacke beim Formen etwas größer als die folgenden gemacht und die Größe in kleinen Abstufungen vermindert.

Seit 1833 werden bei der Verfertigung von Schiffszwieback Maschinen angewandt und der Gang der dabei vorkommenden Prozesse ist im Wesentlichen folgender: In einen hohlen Zylinder von 1,20 m bis 1,50 m Länge und etwa einem Meter Durchmesser wird erst das genau abgemessene Wasser (durch eine Öffnung eines Hahns) und dann das Mehl (durch Öffnung eines Schiebers) getan. In dem Zylinder dreht sich mit großer Geschwindigkeit (in der Minute 15 – 20 Umdrehungen) eine mit langen Messern besetzte horizontale eiserne Welle um. Dadurch werden in der kurzen Zeit von 2 ½ – 3 Minuten 230 kg Teig geliefert, und zwar unendlich besser als durch Handarbeit. Der Teig wird nun aus dem Zylinder genommen und unter die beiden Brechwalzen, von denen

jede 700 kg schwer ist, gebracht, welche die Operation des Knetens verrichten. Dieselben werden durch Maschinen auf der Oberfläche des Teigs hin und her geschoben und in fünf Minuten ist der Teig vollkommen geknetet. Die Teigschicht, welcher etwa 5 cm dick ist, wird dann in Stücke von 50 cm Länge und Breite geschnitten, die unter ein zweites Paar Walzen geschoben werden, welche jedes Stück so ausstrecken, dass es zwei Meter Länge auf einem Meter Breite und die für Zwieback angemessene Dicke erhält. Nun wird der Teig in einzelne Zwiebacke zerschnitten. Zu diesem Zweck bringt man ihn unter eine Ausschlagmaschine, die der beim Münzen üblichen einigermaßen ähnlich ist, so weit die Verschiedenheit des Materials dies zulässt. Eine Reihe scharfer Messer ist so angebracht, dass sie durch eine einzige Bewegung aus einem Teigstück von einem Meter Länge und Breite etwa 60 sechsseitige Zwiebacke schneiden. Die sechsseitige Gestalt ist darum gewählt, weil dabei kein Teilchen der Masse verloren geht, indem die Seiten je drei benachbarter Sechsecke genau aneinander passen, während kreisrunde Stücke, die aus einer ebenen Fläche geschnitten werden, immer leere Räume zwischen sich lassen. Jeder Zwieback wird durch dieselbe Bewegung, die ihn aus dem Teigstücke ausschneidet, zugleich mit dem königlichen Stempel, der Ofennummer usw. bezeichnet und mit Löchern versehen. Durch das Ausschlagen werden jedoch die Zwiebacke noch nicht völlig getrennt, so dass eine ganze Schicht derselben auf einmal auf eine geeignete Schaufel gebracht werden kann. Zum Backen selbst sind 10 – 12 Minuten hinreichend. Die Zwiebacke werden dann aus dem Ofen genommen und mit der Hand vollends getrennt.

Das Getreide zu den Zwiebacken wird auf den Märkten gekauft und in den königlichen Mühlen gereinigt und gemahlen; der Qualität nach ist es eine Mischung aus feinem Mehl und Mittelmehl, indem die Kleie und das Kleienmehl entfernt sind. Die Backöfen sind von Schmiedeeisen und nehmen eine Fläche von 16 m² ein. In jeden Ofen werden auf einmal etwa 52 kg Zwieback geschoben, die durch das Backen auf 47 kg reduziert werden. In jedem Ofen können jeden Tag 12 – 16 solcher sogenannten Suiten gebacken werden, selbst bei der Anwendung von Handarbeit, aber wahrscheinlich könnte der Maschinenzwieback im Fall des Bedürfnisses noch mit weit größerer Geschwindigkeit gebacken werden.

Hinsichtlich der relativen Vorzüge der Handarbeit und Maschinenarbeit ist Folgendes zu bemerken: Sind Mehl und Wasser, als die einzigen Ingredienzien der Zwiebacke, nicht vollkommen gut gemischt, so werden die trockenen Teile verbrannt, die mehr mit Feuchtigkeit durchdrungenen aber nehmen eine eigene Art von Härte an. Diese Fehler kamen bei der Handbäckerei hier und da vor, werden aber durch das vollständige Mischen und Kneten der Maschinen beseitigt. Bereits ist angegeben, dass 230 kg Teig in zwei bis drei Minuten gemischt und in vier bis fünf Minuten geknetet werden; dies ist ohne allen Vergleich schneller als Menschenhände es leisten können. Die Zwiebacke werden nicht einzeln, sondern 60 auf einmal ausgeschnitten und gezeichnet, und nicht einzeln, sondern schubweise in den Ofen geschoben, und da der Ofen weit schneller gefüllt wird, als bei der Handbäckerei, so werden sie auch weit gleichmäßiger gebacken. Die neun Öfen in Gosport brauchten früher 45 Arbeiter, um stündlich 700 kg Zwieback zu liefern; jetzt liefern 16 Arbeiter, Männer und Knaben, in derselben Ofenzahl stündlich 12 000 Zwiebacke oder 930 kg. Was endlich das Verhältnis der Kosten anlangt, so kommen 100 kg Zwieback nach der alten Methode etwa 38 Pence, nach der neuen nur 11 Pence zu stehen. Die königlichen Backhäuser in Deptford, Gosport und Plymouth können jährlich 8000 Tonnen Zwieback liefern und ersparen dabei jährlich gegen die Kosten der Handarbeit 12 000 Pfd. St. ❑

Geschichte des Branntweins

TASCHENBUCH ZUM NUTZEN UND VERGNÜGEN 1792

Die ganze Destillierkunst war den Alten unbekannt. Ihre Erfindung hat man den Arabern zu danken. Auch nannte man den Weingeist *arabisches Elixier*. Nach dem Rubeus erfand man ihn Ende des 7. Jahrhunderts, nach Anderen wahrscheinlich erst anfangs des 9. Jahrhunderts. Erst damals gerieten die arabischen Ärzte in nähere Bekanntschaft mit den Schriften der Griechen, deren medizinische Beobachtungen sie nicht nur benutzten, sondern erweiterten. Zur Zeit des Avicenna bediente man sich der destillierten Wasser noch nicht allgemein, sie gehörten unter die selteneren Arzneimittel.

Branntwein *(Spiritus vini)* wurde nicht gleich mit der Destillierkunst erfunden, sondern erst im 13. Jahrhundert, und zwar sehr vermutlich von Lullius. Erst im 16. Jahrhundert fing der Gebrauch des Branntweins an allgemeiner zu werden, am meisten bei den nordischen Völkern, die beim Mangel des Weins sich durch diesen gemachten Wein gegen die Kälte verwahrten. Hieronymus Braunschweig, ein Straßburger Arzt, beschreibt im *Destillierbuche* (im Jahr 1555) das Destillieren und die dazu tauglichen Kräuter und Blumen ganz umfänglich, gedenkt schon der Weinbrenner und hat ihr Destillierzeug abgezeichnet. Aus seinem Buch sieht man gleichwohl, dass er damals erst noch nur in großen Städten bekannt gewesen. Noch vorher schrieb Michael Savonarola in der Mitte des 15. Jahrhunderts ein sehr rares Traktätlein von der Verfertigung des Aquavit, welches im Jahr 1532 zu Hagenau im Elsas neu aufgelegt wurde. So viel ist gewiss, dass nachdem dieser Trank so allgemein, und sonderlich des Morgens getrunken worden, außer anderen noch viel größeren Übeln, nämlich der Berauschung und Sinnlosigkeit, insondere auch der Durst bei den Menschen zu, die Verdauung der Speisen aber abgenommen habe. Denn weil der Branntwein sehr austrocknet, so verlieren die Säufer desselben alle natürlichen Säfte; und nur durch häufiges Trinken befördern sie noch einigermaßen die Auflösung der wenigen Speisen, die sie genießen. ❐

Erstes Papiergeld

PFENNIG MAGAZIN 1.3.1855

Ehe Granada erobert wurde, verteidigte der spanische Graf und Gouverneur Tendilla die Stadt Alhama in der Vega von Granada mit einer Geschicklichkeit und Energie, wie selten einer; doch zuletzt wurden durch die Unterhaltung so gewaltiger Streitkräfte seine Mittel dermaßen erschöpft, dass er nicht einmal mehr Gold und Silber genug besaß, um seinen Kriegern den täglichen Sold auszuzahlen. Da Tendillas Truppen endlich zu murren anfingen, so fiel dieser auf einen Gedanken eigentümlicher Art. Er nahm nämlich Papier, schnitt dasselbe zu kleinen Blättchen und schrieb darauf kleine und große Summen, je nachdem er dieselben nötig hatte. Diese Zettel gab er seinen Kriegern statt des Solds und versprach dabei, dieselben, sobald die Belagerung aufgehoben sein werde, mit Silber und Gold wieder einzulösen. Den Bürgern wurde befohlen, bei schwerer Strafe die Papierblättchen als bares Geld anzuerkennen und anzunehmen; der Befehl wurde respektiert, weil Tendilla Kredit besaß, und des Gouverneurs Verlegenheiten waren auf einmal beseitigt. Dies geschah 1484.

Tendilla zahlte später treulich wieder aus; sein Papiergeld war ein Wertpapier, das den Launen der Börsenbewegungen noch nicht unterworfen wurde und insofern beachtet zu werden verdient, als es doch jedenfalls das erste Papiergeld in Spanien war. ❐

Der Zander

ILLUSTRIRTE WELT   *1855*

Der Zander oder Sander gehört zu dem Geschlecht der Barsche: er gleicht diesem hinsichtlich der harten Schuppen und der schwärzlichen Querstreifen. Unter seiner Gattung zeichnen ihn die vierzehn Strahlen der Afterfloße aus. Der längliche Kopf endet in eine stumpfe Spitze. Das Maul ist mit vierzehn Zähnen von verschiedener Größe besetzt. Als

eine Sonderbarkeit verdient erwähnt zu werden, dass seine Augen, deren schwarzblauer Stern ein braunroter Ring umgibt, immer trüb sind und wie dies zuweilen bei den Makrelen der Fall ist, den Star zu haben scheinen. Und doch muss er als Raubfisch scharf sehen. Seine Farben sind nicht auffallend. Der runde Rücken ist schwarzblau, die Seite silberfarbig, der Bauch weiß. Die Rückenflossen haben schwarze Flecken.

Der Zander liebt reines, tiefes Wasser und hält sich daher gewöhnlich in solchen Seen auf, die einen Sand- und Mergelgrund haben und mit einem fließenden Wasser in Verbindung stehen. Er kann über einen Meter lang und 10 kg schwer werden. Er wächst so schnell, als der Hecht. Eine Menge Zander werden noch jung vom Barsch, vom Hecht und hundert anderen Fischen verschlungen; der Vogel holt sie aus ihrem sicheren Wohnort heraus, ja sie fressen sich oft genug selbst untereinander auf. In der Fruchtbarkeit kommen sie dem Barsche gleich, der oft 300 000 Eier hat. Auch sie setzen diese an einen festen Körper, Reisig, Steine usw. an. Sie können leicht lebendig verführt und in Teichen heimisch gemacht werden. In Fischbehältern stirbt der Zander bald ab. Man fängt ihn mit Netzen oder Angeln. Sein Fleisch ist weich, wohlschmeckend und leicht verdaulich, am fettesten ist es im Herbst und Frühjahr, vor der Laichzeit. Um es frisch zu versenden, durchsticht man den Schwanz des Fisches, lässt ihn gehörig ausbluten und packt ihn dann in Gras oder Schnee. Auch gesalzen oder geräuchert wird er versandt. Man kocht ihn sehr verschieden. Zum Braten ist das Fleisch zu weich. Einige essen den Zander ganz roh, doch muss er dann von Schuppen und Gräten gereinigt und eingesalzen sein, worauf man ihn mit Provenceröl, Kapern und Pfeffer speist. ❐

Daseinvorsorge

Chelsea Water Works um 1750 auf einer Xylographie um 1880.
Die Chelsea Waterworks Company wurde 1723 gegründete, um
Londoner mit Trinkwasser versorgen.

Die Charité um 1730

Die Berliner Charité

Am 1. Januar 1727 wurde von Friedrich Wilhelm I. ein Lazarett eröffnet, welches »als ein öffentliches Werk der christlichen Liebe, Guttat und Mildtätigkeit«, wie es in der alten Urkunde heißt, den Namen Charité bekam, und seitdem auch beibehielt. Der damalige erste Arzt, Professor Dr. Eller, fasste bereits die höhere, wissenschaftliche Aufgabe der Anstalt folgendermaßen auf: *»dass nach dem Beispiele von Paris, London und Amsterdam auch in der Charité allen Medicis und Chirurgis hinlängliche Gelegenheit gegeben werde, sowohl die innerlichen als äußerlichen Kuren zu sehen und zu begreifen.«* Dieser

doppelten, segensreichen Bestimmung ist das Institut bis zum heutigen Tage treu geblieben, indem es als Heil- und Lehranstalt seinen vorzüglichen Rang behauptet hat.

Die Charité liegt mit den dazu gehörigen Gebäuden, Gärten und Höfen in der Nähe des Louisentor. Wir treten, nachdem wir uns bei dem Portier gemeldet und legitimiert haben, durch das große Haupttor in die sogenannte alte Charité ein. Was uns zunächst auffällt, ist die fast holländische Reinlichkeit der Gänge und Treppen, welche mit Ölfarbe gestrichen, gebohnert und in der Mitte mit Strohmatten belegt sind. Im Parterre befinden sich die Wohnungen der Beamten und die Büros für die Verwaltung. Im ersten Stockwerk liegen die sogenannten äußeren oder chirurgischen Kranken, welche an Wunden, Knochenbrüchen usw. leiden. Die rechte Seite des Hauses ist für die männlichen, die linke für die weiblichen Patienten bestimmt. Jeder Kranke erhält, wenn es irgend zulässig, bei seiner Aufnahme ein warmes Bad und eine angemessene Kleidung, welche in einem Anzug von blau- und weißgestreifter Leinwand besteht. Mit jenem Gefühle, das uns beim Anblick der leidenden Menschheit unwillkürlich zu beschleichen pflegt, gelangen wir in einen der großen Säle, welche ungefähr dreißig bis vierzig Betten fassen können. Das Lager besteht aus einer eisernen Bettstelle, einer Rosshaarmatratze nebst Keilkissen und einer warmen Wolldecke. Über dem Kopfende befindet sich eine schwarze Tafel, auf welcher mit Kreide der Name des Kranken und seine Krankheit geschrieben steht. Ein Nachttisch dient zur Aufbewahrung der nötigen Geschirre, ein Bettschirm, um die schweren Patienten von den Übrigen abzusondern. Zwischen je zwei Sälen liegt die Wärterstube, wo sich Tag und Nacht die Heildiener aufhalten; sie sorgen für die Bedürfnisse der Kranken und zeichnen sich meist durch ihre Erfahrung und Menschenfreundlichkeit aus. Es gibt darunter alte Praktiker, die sich durch eine Reihe von Jahren einen wirklichen diagnostischen Scharfblick angeeignet haben.

Werfen wir einen Blick auf die anwesenden Kranken, so finden wir die verschiedensten Leiden vertreten, von der leichten Wunde bis zum brandigen Geschwür, vom einfachen Knochenbruch bis zur Zermalmung eines oder beider Füße. Dort der kräftige Mann ist so eben erst amputiert worden; er arbeitete in einer Maschinenanstalt, wo ein Rad ihn am Arme ergriffen. Nur eine Operation konnte ihn vom sicheren Tod retten. Einige Schritte von ihm liegt ein Maurer, der beim Bau einen Hauses verunglückt ist. Sein Schädel zeigt bedeutende Verletzungen; er hat dass Bewusstsein verloren, weil ein Knochensplitter oder das ausgetretene Blut auf die weiche Gehirnmasse drückt, und dass Seelenleben stört. Nur die Trepanation, welche in wenigen Minuten bei ihm angewendet werden soll, kann ihn vielleicht noch retten, und seiner Familie den Ernährer erhalten. Jener bleiche junge Mann, der um den Hals einen Verband trägt, ist ein Selbstmörder, der durch einen Schnitt seinem Leben ein Ende machen wollte. Er hat die Kehle verletzt, und die Nahrungsmittel werden ihm durch eine Gummiröhre eingeflößt, um die Wunde nicht von neuem aufzureißen. Dazwischen stehen und sitzen Rekonvaleszenten und Wiedergenesene, die sich unterhalten oder durch Lesen die Zeit zu vertreiben suchen.

Wir steigen noch eine Treppe höher und kommen so in die Station für innere Krankheiten, wo der dirigierende Arzt den Patienten eben seinen Besuch abstattet. Wir schließen uns der Visite an, und haben so die beste Gelegenheit, die Behandlungsweise der Kranken kennenzulernen. Der Geheimrat tritt in Begleitung eines sogenannten Charitéchirurgen und der versammelten Kliniker an das Bett und stellt ein genaues Examen an, worauf er das Wesen der Krankheit, die Diagnose festsetzt, und die nötigen medizinischen und diäteti-

Nosocomium regium militare majus, quod a charitate nomen habet.

Das Königl: große Lazareth, oder die Charité.

Das königliche große Lazareth oder die Charité in Berlin. Radierung um 1740 von Matthäus Seutter (1678–1757).

schen Anordnungen trifft, welche von
dem Assistenten aufgeschrieben werden.
Hierauf wird der Patient einem der anwesenden Studierenden, die wenigstens
schon das vierte Semester zurückgelegt
haben müssen, zur ferneren Behandlung
übergeben, so dass es diesen nicht an
praktischer Ausbildung fehlen kann.

Mit allen der Wissenschaft zu Ge-
bote stehenden Hilfsmitteln wird dabei verfahren, kein noch so geringes
und unscheinbares Symptom über-
gangen, das Hörrohr und die chemischen Reagentien fleißig angewendet,
und oft mit bewunderungswürdigem
Scharfsinn das verborgene Leiden er-
forscht und richtig erkannt. Die große Anzahl der Kranken gestattet dem
Lernenden, sich eine genaue Kenntnis der verschiedenartigsten Fälle zu
verschaffen. Hier sieht er alle möglichen Formen und Stadien, eine Galerie
menschlicher Gebrechen und Qualen.

Wir verlassen die alte Charité, welche
ungefähr 800 Betten enthält, um uns
nach der neuen zu begeben, welche ein
wahrer Prachtbau genannt zu werden
verdient. Dieselbe ist von allen Seiten
von einer Mauer umgeben und abgeschlossen, außerdem wird sie sorgfältig
bewacht, da sie außer den Wahnsinnigen auch noch die kranken Gefangenen
enthält. Wer jedoch den heiteren, mit
Blumen und Palmen besetzten Flur und
die in gleicher Weise verzierten Treppen
sieht, der dürfte am wenigsten glauben,
dass dies der Aufenthalt des Wahnsinns
und der Verbrechen sei. Alles zeigt hier
die größte Sauberkeit, welche fast an
Eleganz grenzt. Die unteren Stockwerke sind für die Irren und Nervenkran-
ken bestimmt, die oberen für die an
ansteckenden Krankheiten Leidenden
und für die kranken Gefangenen. Es ist
hier viel selbstverschuldetes Elend auf-

gehäuft, und der Sittenmaler findet ein
reiches Material in diesen Sälen. Unter
den Wahnsinnigen macht sich in neues-
ter Zeit der religiöse Wahnsinn in seinen mannichfachsten Formen besonders bemerkbar.

Die Irrenanstalt steht unter der Leitung des Geheimrats Ideler, eines der
ausgezeichnetsten Ärzte auf diesem
Gebiete. Die Seelenheilkunde hat ihm
viel zu verdanken, am meisten durch die
konsequente Anwendung des Turnens
und der Heilgymnastik bei Geisteskran-
ken, womit er wahrhaft überraschende
Resultate erzielt hat.

In dem sogenannten Pavillon halten
sich die angesteckten Männer und Dir-
nen auf. Wer das Laster in allen seinen

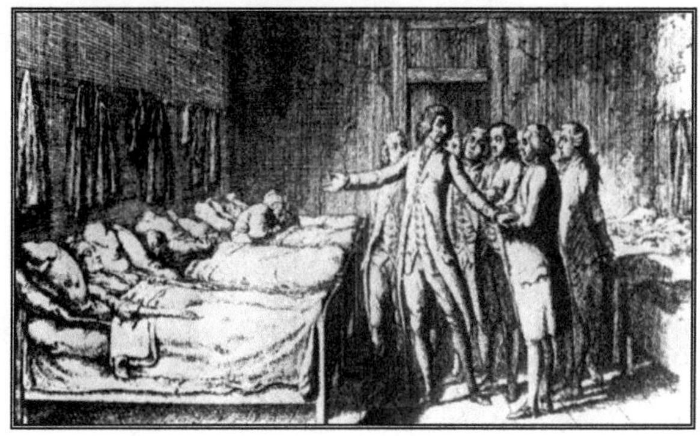

*Krankensaal der Charité während der Visite.
Kupferstich von 1783 nach Daniel Chodowiecki
(1726–1801).*

Formen und schrecklichen Verheerun-
gen kennenlernen will, der braucht nur
eine Wanderung durch diese Räume mit
uns zu machen. Hier findet er ein Material, wie es ihm nur selten geboten wird,
verlorene Männer und Frauen in allen
Stadien, vom ersten Fehltritt an bis zur
vollendeten Verderbtheit. Leichtsinn
und Verzweiflung, Reue und Verstockt-
heit wohnen hier dicht beisammen, näher, als es wohl gut sein möchte, aber

der Arzt hat es nur mit den leiblichen Gebrechen der Menschheit zu tun. Wer aber heilt die moralischen?

Den traurigsten Eindruck machen die kranken Gefangenen, welche nach ihrer Heilung der Kriminaljustiz verfallen sind, und das Krankenhaus nur verlassen, um in den Kerker zurückzukehren. Zu den Leiden des Körpers gesellen sich die der Seele, Gewissensbisse und Furcht vor der Strafe steigern oft ihre Qualen auf das Höchste. Mancher Mörder, der schwer darniederliegt, mag den Tod mit Inbrunst herbeiwünschen, und in seinen Fieberträumen ängstigt ihn die Vision des schrecklichen Blutgerüstes, das seiner wartet.

Dicht an die neue Charité grenzen das Pockenhaus und das Choleraspital, zwischen denen die Kapelle liegt, wo die Leichen der Gestorbenen ausgestellt und vom Prediger der Anstalt eingesegnet werden.

Über einen großen Hof gelangen wir zum ›Gebärhaus‹, wo die armen Wöchnerinnen der schweren Stunde ihrer Entbindung entgegensehen. Die innere Einrichtung zeigt von allem möglichen Komfort. Zwei Hebammen und mehrere Geburtshelfer versehen Tag und Nacht den Dienst. Die meisten Schwangeren finden schon vier Wochen vorher Aufnahme und Pflege; so wie sie auch die Sechswochen hier abhalten dürfen. Sie werden mit all der Rücksicht und Schonung behandelt, welche ihr Zustand erheischt. Trotzdem herrscht jahraus, jahrein in diesen Räumen das schreckliche ›Wochenfieber‹, welches täglich neue Opfer fordert. Zuweilen greift die Epidemie so stark um sich, dass das Gebärhaus geräumt und sämtliche Wöch-

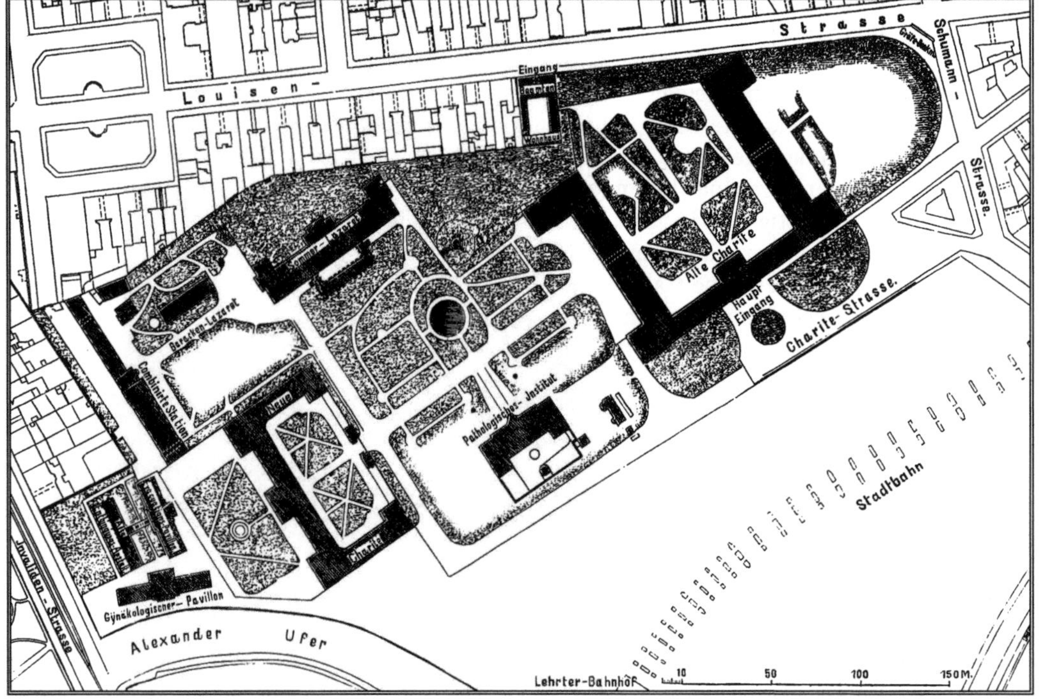

Situationsplan der Charité von 1886.

nerinnen entfernt werden müssen. Die Zwischenzeit wird dazu genutzt, durch Lüften der Säle und Weißen der Wände das Kontagium zu zerstören, was jedoch nur immer auf kurze Zeit gelingt, da es sich stets von neuem zu erzeugen scheint. Außer den Studierenden gewährt die Anstalt auch einer Anzahl von Frauen die Gelegenheit, sich zum Hebammendienste auszubilden, und sich hier die nötigen Kenntnisse zu erwerben.

dern auch die Möglichkeit gegeben, die nötigen Reparaturen in den verlassen Zimmern vorzunehmen. Die Zahl der Betten, welche das Sommer-Lazarett enthält, beläuft sich auf fünfhundert. Mit diesen Anstalten, welche ausschließlich zur Aufnahme der Kranken dienen, und worin noch einige Beamte wohnen, ist eine Reihe von Wirtschaftsgebäuden verbunden, in denen für die Bedürfnisse der Charité gesorgt wird. Man kann sich ungefähr eine Vorstellung machen,

Die Charité um 1810.

Vorzugsweise für die Wöchnerinnen, wenn eine Umquartierung derselben erforderlich ist, aber auch für andere Patienten dient das neue Sommer-Lazarett, welches durch den leichten, luftigen Bau seiner Bestimmung vollkommen entspricht und einen Teil der Kranken während der heißen Monate aufnimmt. Durch diese Einrichtung wird nicht nur ein wohltätiger Wechsel erzielt, sön-

welch einen Kostenaufwand die Unterstützung und Verpflegung von mehr als zweitausend Personen täglich verursacht. Diesen Verhältnissen angemessen ist die ›Küche‹ angelegt, worin ein Koch mit mehreren Gehilfen die Speisen für sämtliche Patienten und für die Unterbeamten, Wärter usw. bereitet. Unter vier großen Herden brennt ein mächtiges Feuer. In riesigen Kesseln dampft die Suppe und das Fleisch. Auch an Braten fehlt es nicht für die Rekonvaleszenten, so wie an dem zugehörigen Kompott. Die Verpflegung lässt nichts zu wünschen übrig und kein Kranker hat Ursache, sich zu beklagen. Es wird dabei höchst sorgfältig auf die angeordnete Diät Rücksicht genommen, wobei drei verschiedene Grade im Gebrauch sind. Den Fieberkranken wird eine schwäche-

laufen sich allein auf 10 540 Taler; trotzdem die Wäsche so billig als möglich betrieben wird, so dass 100 Pfund derselben nicht höher als 29 Ggr. und 5 Pfennige zu stehen kommen. Das Waschhaus ist mit einer Dampfmaschine versehen, welche das nötige warme Wasser und heiße Dämpfe liefert. Außerdem sind noch drei Hausknechte und siebzehn Mägde dabei beschäftigt. Das Auswinden geschieht vermittelst eines eigenen Drehwerkes, welches jeden Tropfen

Die Charité um 1905.
Foto: Hermann Rückwardt (1845–1919).

re, den übrigen eine nahrhaftere Kost verabreicht, oft noch durch ein kräftiges Bier oder ein Glas Wein bei Rekonvaleszenten gewürzt.

Auch das ›Waschhaus‹ mit seiner Einrichtung verdient unsere Beachtung. Den Kranken fehlt es nicht an frischer Wäsche, da Reinlichkeit häufig die Kur unterstützen muss. Die jährlichen Ausgaben für diesen Verwaltungszweig be-

Wasser auspresst. Die Dampfmaschine wird zugleich zum Spalten und zum Sägen des Holzbedarfes benutzt und zerschneidet in wenigen Minuten einen ganzen Klafter desselben. Überall begegnen wir einer anerkennenswerten Ordnung und Sparsamkeit.

Wenden wir uns von dem Waschhaus nach der rechten Seite, so gelangen wir zu einem neuen, eleganten Gebäude, dessen Bestimmung der Leser nur schwer erraten dürfte. Es ist dies das vor kurzer Zeit erst erbaute ›Leichenhaus‹ mit einer musterhaften inneren Einrichtung. Zum Nutzen der Lebenden werden hier die meisten Toten hergebracht und seziert, um den Grund ihrer Krankheit, die geheimen Ursachen und die organischen Veränderungen zu entdecken.

Zufluss von frischem Wasser werden alle blutigen Spuren sogleich beseitigt. Die zur Untersuchung bestimmten Organe und Materien kommen in das mit dem Leichenhaus verbundene Auditorium oder in das physiologische Laboratorium, welches von dem genialen Professor der Pathologie Virchow, geleitet wird. Hier stehen eine Menge von Mikroskopen in einem großen Saal, wo den Studierenden die Gelegenheit geboten wird, sich in derartigen Untersuchun-

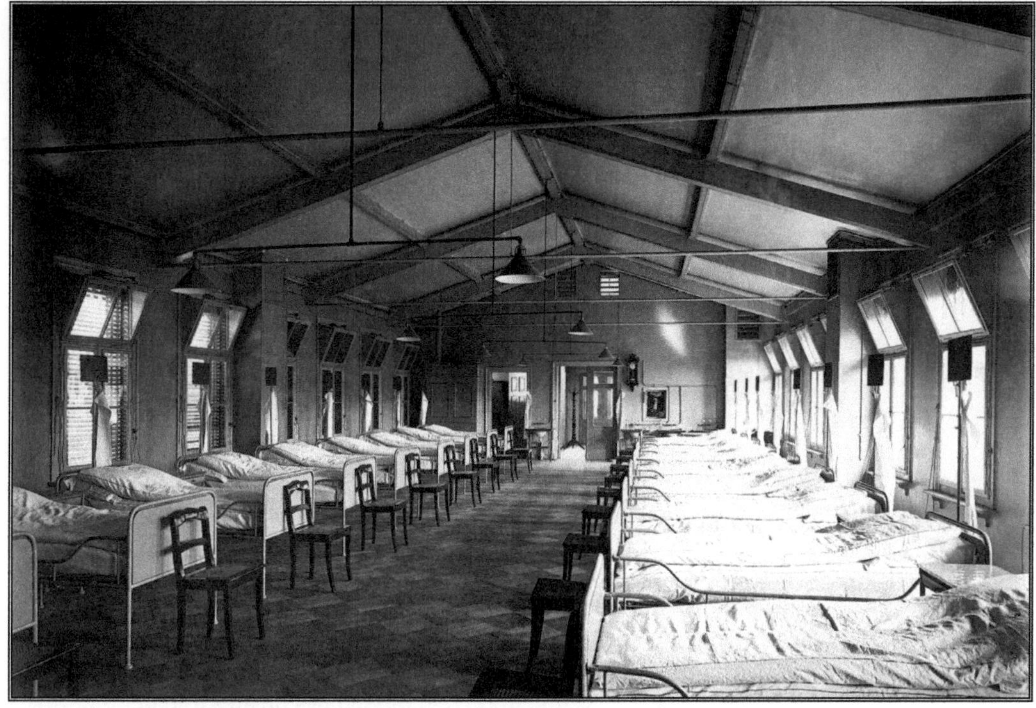

Krankensaal im Institut für Infektions-
krankheiten an der Charité Berlin 1892.
Foto: Hermann Rückwardt (1845–1919).

Selbst an diesem Ort begegnen wir einer doppelt merkwürdigen Sauberkeit und Reinlichkeit. Kein unangenehmer Geruch, kein verletzender Anblick beleidigt uns. Es ist alles aufgeboten, um das Schreckliche zu mildern, das entsetzliche Bild des Todes zu verhüllen. Die Toten liegen in einem kühlen Keller; nur der zur Sektion bestimmte Leichnam ruht auf einem Tische; durch

gen zu üben und zu vervollkommnen. Damit ist zugleich ein chemisches Kabinett verbunden, wo die organischen Stoffe geprüft und analysiert werden. Auf diese Weise steht selbst der Tod im Dienste des Lebens und der Wissenschaft; die Zerstörung muss zur Wohltat werden und bereichert den Schatz unserer Erkenntnis. Nur zuweilen wird das Leichenhaus ein Schauplatz des Grauens und der Furcht, da es auch zur Aufbewahrung der Ermordeten und zur Ausstellung unbekannter Selbstmörder und Verunglückter dient. Hier findet die Mutter ihr vermisstes und

bei dem Anblick und gesteht seine Tat, die ihn auf das Blutgerüst führen wird. – Das sind die Mysterien und Tragödien des Berliner Leichenhauses.

Wir haben nur noch einige Worte über die Verwaltung der Charité hinzuzufügen. Die größere Anzahl der Kranken wird hier unentgeltlich aufgenommen und gepflegt. Andere zahlen

Die Charité Anfang des 20. Jahrhunderts.

ertrunkenes Kind wieder und wirft sich jammernd über die kleine Leiche; oder jene arme Frau, der das Elend aus den eingesunkenen Augen und den hohlen Wangen schaut, erkennt unter den Toten nach ängstlichem Suchen den Körper ihres Mannes, der sich vor Verzweiflung, weil er nicht länger die Not der Seinigen ertragen konnte, mit einem Pistolenschusse das Gehirn zerschmettert hat.

Hier steht der Mörder seinem Opfer gegenüber und zittert, wenn er die blutige Wunde sieht, die ihn laut seines Verbrechen anklagt. Er bricht zusammen

monatlich einen festgesetzten Beitrag, der zwischen zehn und dreißig Talern differiert je nach der Klasse, in welche sie eingeschrieben zu werden wünschen. Die großen Kosten werden teils von diesen Beiträgen, teils von den Zuschüssen des Staates und der Stadt Berlin, teils aus den eigenen Einkünften der Charité bestritten, welche diese aus ihren Gütern in Schlesien, der Mark usw. und aus frommen Stiftungen und Vermächtnissen bezieht. Immer mehr hat sich die Notwendigkeit herausgestellt, die medizinische Leitung des Ganzen von der rein finanziellen zu trennen. Die erstere befindet sich in den Händen des geheimen Medizinalrats Dr. Horn, die

letztere wird von dem Geheimrat Esse geführt, einem der ausgezeichnetsten Verwaltungsbeamten, dem die Anstalt ihre musterhafte äußere Einrichtung zum großen Teile zu danken hat. Für ihre wissenschaftliche Bedeutung bürgen die Namen Schönlein, Jüngken, Grimm, Ideler unter den älteren Ärzten; unter den jüngeren Virchow, Traube usw. Kaum dürfte in Rücksicht auf

**Die Dampfküche der Charité um 1900.
Foto: Hermann Rückwardt (1845–1919).**

zweckmäßige Anordnung, Einrichtung und Leitung ein besseres Krankenhaus in Deutschland existieren, da es alles in sich vereint, was zur Behandlung der verschiedensten Kranken und Belehrung der Studierenden nottut.

• *Max Ring*

Das große neue Wasserwerk für London

DIE GARTENLAUBE • 1866

Kein Land der Welt kann sich so großartiger und nützlicher Unternehmungen rühmen, wie England. Während bei uns noch so viele Geld- und Geisteskräfte durch politische Unruhen und Konflikte verbraucht werden, richtet England seine reichen Kapitalien und Geisteskräfte ungehindert und frei auf Vervollkommnung sozialer und gesundheitlicher, der Verkehrs- und Handelsverhältnisse. So liegt jetzt einer der großartigsten Pläne zur Versorgung Londons mit gutem und reinem Wasser vor. Es gilt nichts Geringeres, als einen Aquädukt von mehr als 270 km Länge, der sich von den Hügeln von Wales, Plinlimmon und Cader Idris bis vor London erstrecken soll. Jene Hügel liefern das Wasser zum Severn und zwei kleineren Flüssen, die für London in Anspruch genommen werden sollen. Die Terrainverhältnisse und das Wasser selbst sind ungemein günstig; Letzteres ist als Gebirgswasser ungemein weich und rein und fließt in solcher Fülle, dass London täglich mit 900 Mill. Litern versorgt werden kann. Da die Hügel mit diesen Flüssen 140 Meter über dem Hochwasser der Themse liegen, geben sie Gelegenheit, das Wasser in natürlichem Gefälle heranzuleiten. Es soll zunächst durch zwei Aquädukte je 30 km lang in zwei Reservoirs geleitet werden; diese sollen dann vermittels zusammenlaufender Aquädukte vor acht Städten vorbei im Nordwesten Londons große Dienst-Reservoirs füllen. Von diesen aus werden 15 km lange Röhren in die schon liegenden Röhren der jetzigen Wasser-Kompanien führen, von wo aus dann alle Teile Londons durch natürlichen Hochdruck ohne Pumpwerke mit dem besseren und gesünderen Wasser versorgt werden sollen. Die Kosten des ganzen Werkes sind auf 70 Mill. Taler veranschlagt worden, für die Ausführung glaubt man, sieben Jahre zu brauchen. Die Kosten erscheinen groß und werden wahrscheinlich noch überschritten werden; aber wenn der Nutzen an Gesundheit und sonstige Vorteile berechnet werden, wie man das nur in England versteht, wird auch dieses große Kapital sich reichlich verzinsen.

So hat man bereits berechnet, dass dieses neue Wasser wegen seiner Weichheit eine jährliche Ersparnis von mindestens 2½ Mill. Taler verursachen werde, und zwar hauptsächlich allein an Seife. Dies erklärt sich durch die von Rawlinson ermittelte Tatsache, die er selbst im Wesentlichen so mitteilt: »Wasser bis zu sechs Grad Härte ist weiches Wasser, darüber hinaus hartes Wasser. Die Härte fängt mit einem Gramm Doppelkohlensaurem oder Schwefelkalk in jeder Gallone Wasser an. Jeder Grad der Härte zerstört 20 g Seife in je 100 Liter Wasser, das zum Waschen gebraucht wird. Weiches Wasser ist daher ökonomisch wertvoller als hartes, und zwar in dem Verhältnis von zehn 40 g Seife für je 100 Liter Wasser und für jeden Grad der Härte; d. h. also im Allgemeinen, je mehr Kalkteile das Wasser enthält, desto mehr Seife ist nötig, um diese zu binden und zu fällen. Erst wenn die Seife dies getan hat, übt sie ihre reinigende Kraft auf die Wäsche aus. Außerdem ist weiches Wasser aber auch viel gesünder, abgesehen davon, dass das Gebirgswasser, welches London versorgen soll, weit reiner ist, als alle Quellen, aus denen London bis jetzt getränkt wird. Endlich ist es bekannt, dass weiches Wasser nicht nur beim Waschen, sondern auch beim Kochen, namentlich bei der Zubereitung von Tee und Kaffee und von Hülsenfrüchten, sowie ganz besonders bei Verwandelung in Dampf große Ersparnisse verursacht.

Der Schöpfer dieses großen Planes, London mit Wasser zu versorgen, heißt J. F. Bateman, welcher schon Glasgow durch ein großartiges Bauwerk mit reinem und gutem Wasser versorgt hat.

Da man in London vor den größten Kosten und Hindernissen nicht zurückschreckt, wenn es öffentliches Wohl und das große Gut der Gesundheit gilt, lässt sich erwarten, dass es auch mit frischer Kraft und seinem bekannten Unternehmungsgeiste an Ausführung dieses Riesenwerkes gehen werde. Die großen Städte Deutschlands, welche zum Teil an viel schlechterem Wasser und geradezu vergifteten Brunnen leiden, können sich leider nicht einmal kleiner Unternehmungen gegen dieses zunehmende Übel rühmen, so dass noch mancher sogenannte Labetrunk Tod und Verderben mit sich bringen wird. ❐

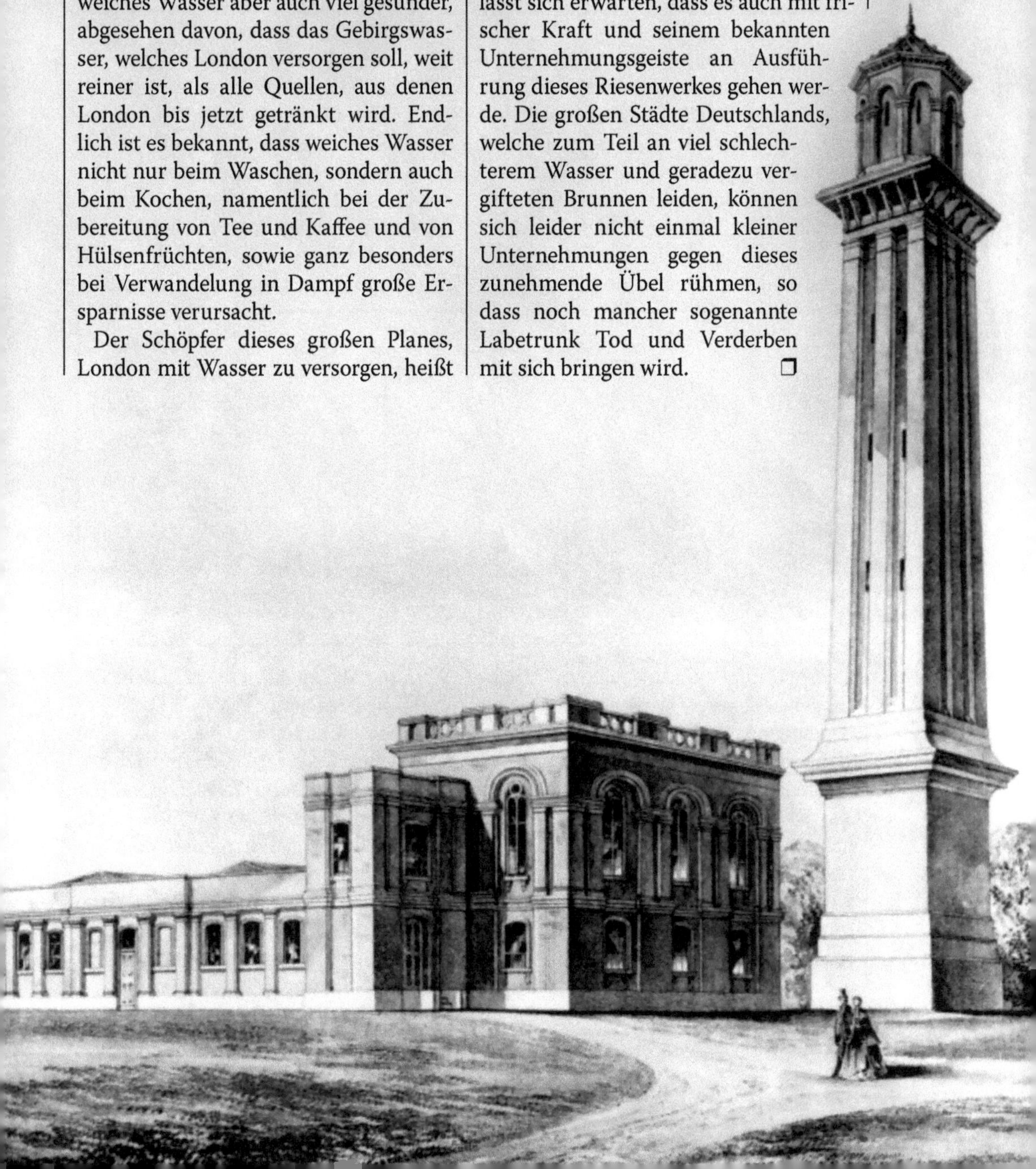

Straßenreinigungsmaschine von Whitworth

ILLUSTRIRTE ZEITUNG • 5.8.1843

Je unzweifelhafter nicht allein die Annehmlichkeit, sondern auch die wohlfahrtspolizeiliche Wichtigkeit gut gereinigter städtischer Straßen ist, und je mehr man sich in wohlgeordneten städtischen Haushalten trotz nicht unbedeutender Kosten befleißigt, diese Bedingung des städtischen Komforts zu erfüllen, um so interessanter ist auch für

durch eine kratzende Wirkung – die hier ebenfalls von der Bewegung des als Basis dienenden und durch Pferde gezogenen Karrens ausgeht – abzulösen und zur Seite der Straße anzuhäufen. Von einer für städtische Straßen berechneten Maschine verlangt man mit Recht eine eigentlich bürstende, gründlichere und den Vertiefungen sich anschmiegende

jedermann die Kenntnis solcher Vorrichtungen, welche die Straßenreinigung mit bedeutender Ersparung von Handarbeit gleichsam selbstwirkend ausführen.

Für Landstraßen kennt man solche Vorrichtungen bereits mehre, und es haben sich in neuerer Zeit besonders die nach schottischen Mustern durch Devilliers, Frimot und Ducrot in einigen französischen Departements ausgeführten und angewendeten Maschinen den gerechten Beifall des Publikums erworben. Indessen kommt es hier nur darauf an, die erweichte, schlammige Schicht

Wirkung und zugleich die gänzliche Beseitigung des Unrats.

Die Maschine soll also die Straße nicht allein kehren, sondern auch zugleich den Unrat aufladen und fortschaffen. Die vor einigen Monaten von Whitworth in Manchester ausgeführte und dort sowohl, als in der Regent Street und den anliegenden Straßen Londons praktisch geprüfte Maschine, von welcher unsere Abbildung eine Ansicht gibt, scheint diesen Bedingungen zu entsprechen.

Sie besteht aus einem sehr niedrig hängenden Kastenkarren, welcher von einem oder zwei Pferden fortbewegt wird, und an dessen hinterem Teil eine schräg nach der Straße herablaufende hölzerne Rinne von der Breite des Karrens, so wie über dieser Rinne ein bedeckender Mantel angebracht ist, dergestalt, dass beide Teile einen ziemlich geschlossenen, einerseits auf der Straßenfläche, andererseits in dem Karren sich öffnenden Kanal bilden. In diesem Kanal bewegt sich ein um zwei Walzen – eine obere und eine untere – gespanntes, mit quer laufenden Drahtbürsten besetztes endloses Band. Die obere Walze wird durch einen Riemen, welcher um die Achse der Karrenräder und eine an ihrer verlängerten Achse sitzende Rolle geschlungen ist, in Umdrehung versetzt, sobald sich der Wagen bewegt, und zwar in dem Sinne, dass die Bürsten kontinuierlich von oben her zu der unteren Öffnung hervortreten, unter einem durch Gewichte beliebig zu bestimmenden Druck über die Straße wegstreifen und den mitgenommenen Unrat im untern Teil der Rinne in die Höhe schieben, bis er oben in den Karren entleert wird.

Im Karren selbst sondert sich das Flüssige vom Festen und Ersteres kann von Zeit zu Zeit durch einen in der gehörigen Höhe über dem Boden angebrachten Hahn in die nächste Kloake entleert werden. Durch einen Hebel kann übrigens, wenn der Karren voll ist und der gesammelte Unrat abgefahren werden soll, der ganze Bürstapparat gehoben und außer Berührung mit der Straße gebracht werden. Das eine Karrenrad trägt innerlich ein Zahnrad, und dieses wirkt auf ein Zeigerwerk dergestalt, dass man die vom Karren zurückgelegte Weglänge, welche, mit der Bürstenbreite multipliziert, die gereinigte Straßenfläche ergibt, kontrollieren kann. Die zweckmäßige Geschwindigkeit ist die von 2 engl. Meilen [rund 3,2 km] in der Stunde (250 – 300 Meter in der Minute) – bei dieser kann man also mittelst der einen Meter breiten Bürsten rund 100 m² Straßenfläche in der Minute vollständig reinigen, so dass in diesem Fall von einem Fuhrmann und zwei Pferden die Arbeit von mindestens 30 Tagelöhnern geleistet wird. ❑

Die Kanalisationsfrage in Wiesbaden

Zentralblatt der Bauverwaltung • 4.3.1882

In Wiesbaden ist kaum die Rathaus- und Theaterbau-Frage durch die erfolgte Ausschreibung einer öffentlichen Konkurrenz für den Augenblick einigermaßen zur Ruhe gekommen, so taucht in den Tagesblättern und der öffentlichen Erörterung schon wieder ein neuer Gegenstand technischer Natur auf, zwar weniger künstlerisch aber für das kommunale wie private Interesse wahrscheinlich noch bedeutsamer, – nämlich die Abführung der Abwässer.

Die Verhältnisse Wiesbadens sind in dieser Beziehung eigentümlicher Art, und nicht uninteressant. Die Stadt verdankt bekanntlich ihren Hauptreiz der Lage in einem Talkessel des waldreichen Taunusgebirges, welcher nur einen Ausgang hat, nach Süden nach dem, Rhein zu; deshalb enden auch sämtliche drei Wiesbaden berührende Bahnen hier in Kopfstationen. Nun besitzt aber der Taunus außer dem Waldreichtum auch einen erfreulichen Wasserreichtum und sendet von demselben dem Wiesbadener Talkessel sechs hübsche Waldbäche zu: Wellritz, Faulbach, Schwarzbach, Dambach, Tennelbach, Rambach, welche alle sechs die Stadt durchströmen. Noch vor zwei Jahrzehnten trieben diese Bäche bei Wiesbaden, meist innerhalb der jetzigen Stadt, vielleicht zwei Dutzend Mühlen, welche seitdem bis auf wenige verschwunden sind. Die Bäche wurden allmählich überwölbt und als Hauptabführungskanäle benutzt, während zum Zweck der Wasserversorgung oberhalb der Stadt in den kleinen Tälchen der einzelnen Bäche ein Netz von Wasserzuleitungen angelegt wurde, meist tief in die Berge eindringende Stollen. Die überwölbten Bäche vereinigen sich aus verschiedenen Punkten der Stadt, und verlassen dieselbe an ihrem unteren Ende als ein einziger Lauf unter dem Namen: Salzbach.

Seitdem die städtische Wasserleitung ihre jetzige Gestalt angenommen hat, seit Anfang der 1870er-Jahre, hat das Wasser-Quantum der Bäche oberhalb der Stadt durch die Wasserentnahme für die Leitung freilich nicht unerheblich abgenommen; indessen sind sie immer noch verhältnismäßig wasserreich, so dass es an einer kräftigen Spülung nicht fehlt, namentlich, da das Gefälle ein sehr bedeutendes ist. Bei heftigem Regen hört man an manchen Stellen der Straßen die unterirdischen Wasserläufe rauschen, und wer günstig wohnt, kann bei starken Gewitterschauern unter sich ein lautes Wassergetose vernehmen. Unterhalb der Stadt bekommt nun allerdings der Salzbach (auf nassauisch: ›die‹, wie in den meisten Gegenden) die seinem Gebiet entnommenen Wässer wieder, indessen leider in etwas veränderter Gestalt. Namentlich ist dies der Fall, seitdem infolge der Wasserleitung die Anlage von Wasserklosett allgemein geworden ist. Man sah sich nämlich genötigt, zur Unterstützung der Klosettanlagen sog. ›Oberläufe‹ (Überläufe) zu gestatten, d. h. man erlaubte auf Widerruf, unmittelbar unter der Abdeckung der Abortgruben der Wasserklosetts Seitenausläufe nach den Straßenkanälen anzulegen. Die Fäkalmasse gänzlich aus den Straßenkanälen abzuhalten, gelingt natürlich auf diese Weise nicht; namentlich ist auch eine missbräuchliche Benutzung der Oberläufe kaum hintanzuhalten, – wie der Inhalt des Salzbachs beweist.

Man half sich nun zunächst damit, dass man den Salzbach noch eine Strecke weit unterhalb der Stadt ebenfalls überwölbte. Damit befriedigte man allerdings die Wiesbadener so ziemlich, keineswegs aber die unteren Anwohner des Salzbachs, namentlich in Mosbach und ferner in Bieberich, wo der Salzbach in den Rhein mündet. Freilich sind bisher noch nahe unter der Mündung des Salzbachs Badeanstalten im Rhein in Benutzung geblieben, ein Beweis, dass die Sache gar so schlimm noch nicht ist. Indessen ist doch kürzlich in der Ministerialinstanz entschieden, wie die Blätter melden, dass die Abwässer Wiesbadens nicht mehr in den Rhein abgeführt werden sollen. Damit ist Wiesbaden vor dieselbe schwierige Aufgabe gestellt, welche in Frankfurt a. M. schon so viel Kopfzerbrechen veranlasst hat. Man sagt, dass diese Entscheidung erflossen sei, nachdem der Militärfiskus im Interesse der Unteroffiziersschule in Bieberich sich den Beschwerdeführern zugesellt habe.

Für die Stadt Wiesbaden liegt diese Sache offenbar recht schlimm, und haben die städtischen Behörden unter Zuziehung einer Fachautorität (Professor Baumeister aus Karlsruhe) bereits über die Sache verhandelt, ohne, wie man hört, bisher eine bestimmte Art der Lösung ins Auge gefasst zu haben. Man spricht von einem allgemeinen Verbot der ›Oberläufe‹ und Anlage von Klärbassins für die dann noch verbleibenden Hauswässer usw. Ob aber damit die Frage endgültig gelöst werden kann, ist sehr zweifelhaft. Auch wird das gänzliche Verbot der Oberläufe mit dem Vorhandensein einer reichlichen Wasserleitung und dem allgemeinen Gebrauch der Wasserklosetts schlecht zusammenstimmen. Jedenfalls ist die Sache von der schwerwiegendsten Bedeutung für den Säckel der Stadt sowohl als für ihren Ruf, der für sie Lebensfrage ist, und für das Befinden ihrer Bewohner. ❑

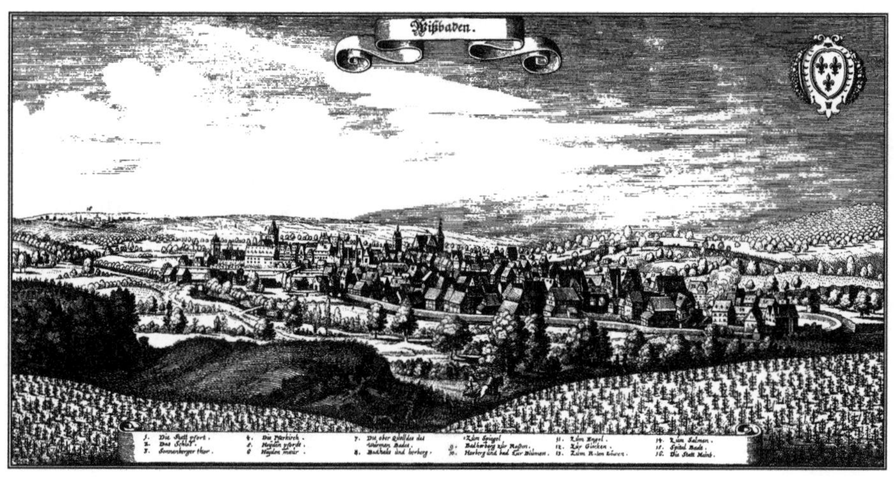

Eine Volksküche in London

Unter die allerschmerzlichsten der Eindrücke, die der Fremde von einem Aufenthalt aus dem an Gegensätzen so reichen London mit nach Hause nimmt, zähle ich die, welche die sogenannten Sonnabendnachtmärkte auf mich machten. Es sind dies Märkte, die am späten Abend lediglich für die Arbeiter abgehalten werden, welche nach empfangenem Wochenlohn hier ihre armseligen Lebensbedürfnisse für die nächsten paar Tage, das heißt so weit ihre wenigen Schillinge reichen, zu decken suchen. Da war es mir denn immer die traurigste Szene, wenn ich sah, wie die ärmsten der hier verkehrenden armen Weiber um dürftige Stücke schlechten, halbverfaulten oder sonst verdorbenen Fleisches feilschten, während sie mit sehnsüchtigen Augen, mit Blicken, die tief ins Herz hinein schnitten, die besseren, frischeren und reichlicheren Stücke betrachteten, welche für Leute mit volleren Börsen zum Kauf aus lagen. Jetzt ist Gott sei Dank diesen Jammerszenen einigermaßen ein Ende gemacht, seitdem von Australien aus Massen eingesalzenen und präservieren, aber völlig nahr- und schmackhaften Fleisches nach London kommen, das auch für den ärmsten Arbeiter kein unerreichbarer Leckerbissen ist. Hauptsächlich sind es zwei große Firmen, welche London mit diesen überseeischen Ochsen- und Schafziemern versorgen; die eine ist eine große Aktiengesellschaft, die Australian Meat Company, die andere ein Privatunternehmen. Die letztere, die sich lediglich mit Schöpsenfleisch* befasst, hat nun den glücklichen Gedanken gehabt, mitten in einem von Armen bewohnten Distrikt am Ostende der Riesenstadt, in Norton Folgate, hinter einem umfänglichen Verkaufslokal zugleich eine Küche zu etablieren, wo die Kunden das in den Vorderräumen erhandelte Fleisch für eine geringfügige Extravergütung sich je nach ihren Wünschen zubereiten lassen und verspeisen können.

Die Umgebungen des Lokals sind höchst trübseligen Anblicks, aber das Etablissement gleicht einer Oase in der Wüste, so einladend und schmuck stellt es sich dar. Und man muss sehen, wie das umwohnende Publikum herbeiströmt und die an den Schaufenstern auf das Appetitlichste ausgestellten Delikatessen bewundert: wie es die Kupferpence in seinen Taschen mustert und, wenn das Resultat der Revision günstig, die Schwelle des kulinarischen Paradieses überschreitet, von den minder Glücklichen, welche sich nur an dem Anblick von außen laben können, beneidet und als Notabilitäten bestaunt! Das Gedränge um den Ladentisch, der eine passende Auswahl aller der gebotenen Genüsse in dekorativer Anordnung enthält, ist immer lebensgefährlich; hier sucht sich das Publikum aus, was seinen Gelüsten und dem Stande seiner Kasse entspricht, nimmt sich dann die auf einem Seitentisch aufgestapelten Teller und Schüsseln und verfügt sich damit in das eigentliche Speisegemach, einen

*) Hammel bzw. Schaf

kolossalen Saal, den lange Reihen von Tafeln und Bänken von einer Ecke bis zur anderen ausfüllen. Die Flutzeit des Etablissements währt von zwölf bis zwei Uhr nachmittags; während derselben pflegt jedes Räumchen des gewaltigen Lokals besetzt zu sein, und zwar sieht man darin neben den Vertretern der ärmsten Klasse der Londoner Bevölkerung, neben dem offenbaren Bettler in zerlumpter Kleidung (der eigentliche Strolch und Dieb vermeidet dergleichen auf Anstand und Ordnung haltende Lokalitäten) Leute von ganz respektablem Äußeren, meist Schreiber und Commis, welche, bei einem geringfügigen Jahresgehalt von fünfzig bis hundert Pfund Sterling, die Gelegenheit, um billigen Preis ein sättigendes Mittagsmahl zu erhalten, mit Freuden ergreifen. Der gewöhnliche Betrag eines jeden der verabreichten Gerichte ist ein Penny; wer sich den Luxus von zwei Pence gestatten kann, wofür er zu seiner Schüssel noch gedämpfte Kartoffeln erhält, der gilt nach den Begriffen von Norton Folgate schon für einen Lucullus.

Wie schon erwähnt, bietet das Etablissement ausschließlich Schöpsenfleisch feil, bereitet dies jedoch in einer Menge verschiedener Gestalten zu. Das Fleisch ist vor dem Transport leicht eingepökelt worden und hat durch die lange Reise nichts von seiner Frische und seinem Wohlgeschmack eingebüßt. Für etwas bemitteltere Kunden importiert man auch präserviertes Fleisch in hermetisch verschlossenen Zinnbüchsen; dies wird vorher bereits gekocht und kommt das Pfund ungefähr auf sechs Pence oder fünf Silbergroschen zu stehen. Im Durchschnitt zählt das Lokal, außer der großen Menge von Kunden, die sich das erkaufte Fleisch mit nach Hause nehmen, Tag aus Tag ein mehr als tausend Tischgäste – während der verflossenen

Halfpenny-Dinner für arme Kinder in East London. Xylographie von 1870.

Weihnachtszeit stieg die Ziffer auf nahezu das Doppelte – so dass die Firma, obwohl bei weitem die meisten dieser Gäste nur je einen Penny anlegen können, dennoch prosperiert. So gereicht, ein treffendes Beispiel von der nationalökonomischen Bedeutung des Welthandels, der Überfluss eines viele Tausende von Meilen entfernten Erdteils der europäischen Armut zum Segen.

Leuchtgas aus Torf

PFENNIG MAGAZIN 11.9.1841

Mehrfache Versuche, um Leuchtgas aus Torf zu gewinnen, sind nicht sehr günstig ausgefallen. Bei Versuchen, die in Emden angestellt wurden, wurde aus einem gewöhnlichen Stück Torf von $1150\,m^3$ Inhalt und $420\,g$ schwer das Gas zu vier Flämmchen entwickelt, welche die Höhe und Dicke einer gewöhnlichen Kerzenflamme aber keine große Helligkeit hatten und nur 35 Minuten brannten. Bei einem anderen Versuch wurden aus drei Torfstücken der angegebenen Größe, jedes etwa ein $470\,g$ schwer, $0,37\,m^3$ Gas gewonnen, die 12 Flämmchen gaben, welche 76 Minuten brannten. Das entwickelte Gas war seinem Hauptbestandteil nach Kohlendioxid, die Flammen aber waren auf zwei Drittel ihrer Länge von blauer Farbe. Auch bei einem dritten Versuch wurde kein ölbildendes Gas, sondern Kohlenwasserstoff entwickelt. Vorteilhafter waren Versuche, die bei Stettin angestellt wurden, wobei aus dem gepressten Torf das sechs- bis neunfache Volumen an Gas gewonnen wurde, welches hell und ohne Dunst brannte. ❏

Die elektrische Beleuchtung des Bahnhofs in Straßburg

ZENTRALBLATT DER BAUVERWALTUNG 14.1.1882

Am 5. Januar 1882 wurde die elektrische Beleuchtungsanlage mit Edison-Lampen auf dem Bahnhof Straßburg i. E. in Betrieb genommen und hat bis jetzt einen durchschlagenden Erfolg erzielt. Die Stetigkeit und Färbung des Lichts übertrifft selbst die kühnsten Erwartungen. Besonderes Interesse erregt die Beleuchtung des Restaurationsraumes I. und II. Klasse, zu welcher bisher zwei Siemens'sche Differentiallampen von je 150 Kerzenstärke benutzt wurden, die jedoch wegen der Veränderlichkeit des Lichtes, der unangenehmen Zuckungen und der starken Schlagschatten mehrfach zu Klagen Anlass gaben. Zur Befestigung der Edison-Lampen werden zwei von der früheren Gasbeleuchtung herrührende sechsarmige Gaskronen benutzt, an denen die Arme umgedreht sind, so dass die Lampen mit den Tellerschirmen nach unten ragen. Die Wirkung der zwölf Lampen von je 16 Kerzenstärken in diesem $21\,m$ langen und $8\,m$ breiten Raum ist eine prächtige und findet die rückhaltsloseste Anerkennung; dasselbe gilt von den Lampen, in den verschiedenen Büros, sowohl bezüglich der Lichtwirkung als der Erhaltung reiner Luft. Die gesamte Anlage ist ohne Beihilfe der Edison-Compagnie lediglich von den technischen Kräften der Kaiserlichen Generaldirektion der Reichseisenbahnen unter Leitung des Telegrafen-Kontrolleurs Schulze ausgeführt worden und soll infolge der mit dieser Beleuchtungsart erzielten günstigen Ergebnisse noch bedeutend erweitert werden. Zum Schluss sei noch erwähnt, dass der Kaiserlichen General-Direktion der Reichseisenbahnen das Verdienst zukommt, eine derartige Anlage zuerst in ganz Deutschland und darüber hinaus eingeführt zu haben. ❏

Feuilleton

›Piccadilly Circus, London‹
Tusche-Zeichnung von Paul Paeschke (1875–1943)

HOTEL
Hôtel Bavaria.
CAFÉ BAUER
CAFÉ BAUER
HOTEL BAVARIA
REMINGTON

Das Café Bauer

ILLUSTRIRTE ZEITUNG • 13.4.1878

Seitdem zu Beginn des verflossenen Winters das vielgenannte Café Bauer dem Publikum seine gastlichen Pforten geöffnet hat, darf Berlin sich des Besitzes eines öffentlichen Etablissements rühmen, wie es, seiner ganzen Anlage und Ausführung nach das Maß des Gewöhnlichen weit überragend, in gleicher Art in keiner anderen Hauptstadt gefunden wird. Samt dem Umbau des Hauses, dessen hervorragendster Teil ihm eingeräumt wurde, schon längst geplant und in Angriff genommen, in seiner Vollendung jedoch durch die mannigfachsten Hindernisse verzögert, ist es ein letztes, nachgeborenes Kind jener Jahre hochgehender Spekulation, die so bald einer allgemeine Ernüchterung Platz gemacht haben. Je langsamer es sich aber zu der ihm zugedachten glanzvollen Gestalt entwickelte, um endlich zu einer Zeit ins Leben zu treten, in der nur wenige sich der dargebotenen, reich entfalteten Pracht ohne geheimes Bedenken erfreuen mochten, desto heiterer scheint ihm nun das Glück zu lächeln und die Stimmen der Zweifler zuschanden zu machen, die dem kühn gewagten Unternehmen ein baldiges trauriges Ende weissagten.

Gleich einer ansehnlichen Reihe seiner bemerkenswertesten neueren Bauten verdankt Berlin auch diese jüngste, der allgemeinsten Beachtung vollauf würdige Schöpfung dem fruchtbaren künstlerischen Talent der Baumeister Ende und Böckmann. An der Ecke der Linden und der Friedrichstraße, der bekannten Kranzlerschen Konditorei gegenüber, erhebt sich an Stelle des unscheinbaren Hauses, in welchem vor Jahren der Nationalökonom Prince-Smith wohnte und wirkte, das von ihnen errichtete, zu stattlicher Höhe emporsteigende Gebäude, das, in sämtlichen Stockwerken von vergoldeten, in lustigem Rankenwerk sich auswärts schwingenden Ballongittern umsäumt, von schlanken Giebeln und einem steil aufstrebenden Eckpavillon bekrönt wird. In fröhlichem Glanz aus seiner Umgebung keck hervorleuchtend, entspricht es in dieser seiner äußeren Erscheinung vortrefflich dem Charakter und der Bestimmung des imposanten, mit vollendeter Eleganz hergerichteten Etablissements, das die gesamte erste Etage und den größten Teil des Erdgeschosses für sich in Anspruch genommen und in diesem umfangreichen Raum den leitenden Architekten und den von ihnen zur Mitwirkung herangezogenen Künstlern und Kunsthandwerkern ein ergiebiges Feld zur Betätigung ihres besten Könnens dargeboten hat.

An der den Linden zugekehrten Front des Hauses tritt man durch dessen Portal unmittelbar von der Straße her in ein kleines Vestibül, aus dem eine breite Stiege durch ein mit leuchtendem Stuckmarmor ausgekleidetes, von einem reich ornamentierten Tonnengewölbe überdecktes Treppenhaus zu den oberen Zimmern und Sälen em-

porführt, während sich linker Hand der
Eingang in den zu ebener Erde gelegenen Hauptraum des Cafés befindet. Der
letztere besteht aus einem weiten, tief in
den früheren Hof des Grundstücks hin-
eingeschobenen Saal, der sich in kolossalen, in die Tiefe versenkbaren Spiegelscheiben nach der Straße hin öffnet, an
der entgegengesetzten Seite aber, an der
er durch eine kleine Treppenanlage mit
dem oberen Stockwerk in Verbindung
steht, durch ein meisterhaft aufgebautes
mit Bronzestatuetten und hohen japa-
nischen Vasen dekoriertes Büfett seinen
Abschluss findet. Zwei Reihen von je
sechs Säulen, deren blanke schwarz ge-
streifte Messingschäfte aus fantastisch
geformten, rings mit Armleuchtern
besetzten bronzierten Füßen empor-
wachsen, die wieder auf vierseitigen, in
imitierter Intarsia gearbeiteten Posta-
menten ruhen, teilen diesen Raum seiner
Länge nach in drei Schiffe und tragen
auf breit ausladenden, originell gestalte-
ten Kapitälen die über ihn hingespann-
te Balkendecke, die in ihren vertieften
Feldern das graziöseste auf feintönigem
blauem Grund goldig schimmernde Or-
nament aufweist.

Über dem hinteren Teil des Saals ist
in diesem Plafond ein mächtiges Rechten ausgespart, das, von einer ringsum
laufenden, mit reizvollen, metallisch
glänzenden Reliefs geschmückten
Brüstung eingefasst und in der De-
ckenhöhe der ersten Etage durch ein
Oberlichtfenster, an den vier Seiten-
wänden durch starke Spiegelscheiben
geschlossen, nicht nur für beide Stockwerke eine reichliche Lichtzuführung
vermittelt, sondern zugleich auch deren
enge Zusammengehörigkeit eben so bestimmt zum Ausdruck bringt, wie dies
anderseits die oben und unten in ihren
Hauptzügen sich gleichbleibende inne-

re Ausstattung tut. Wie in den unteren Räumen, so erscheinen auch in den
oberen die Wände durchweg mit hohen
Paneelen bekleidet, die auf schwarzge-
beiztem Grund zierliche lichtgelbe In-
tarsiamuster zeigen; wie dort so wird
auch hier die in einem matten Silberton
schimmernde Decke von zwölf schlanken Säulen getragen, deren Sockel in
ihrer Dekoration dem Holzgetäfel der
Wände entsprechen und in diese präch-

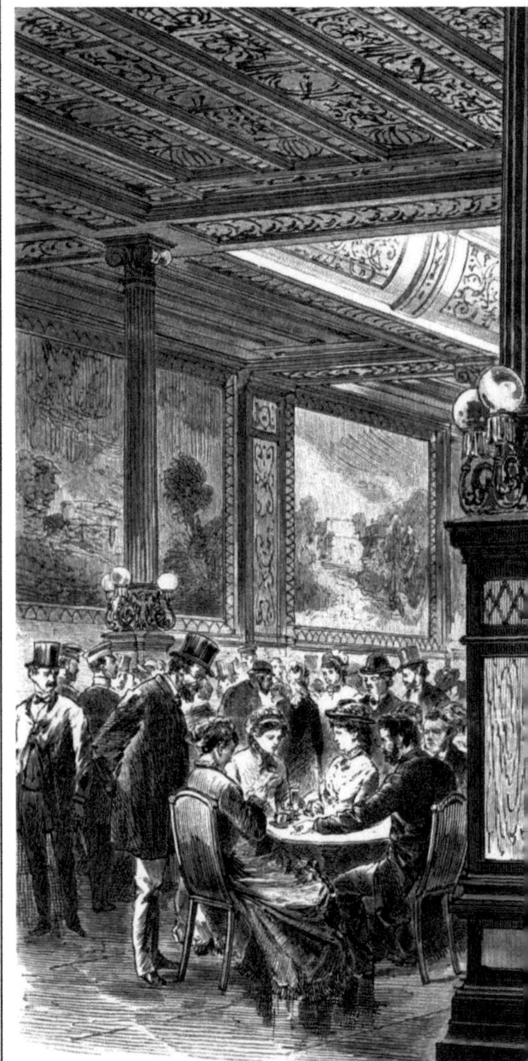

tige architektonische Umrahmung sind endlich in sämtlichen Räumen dieselben in ununterbrochener Reihe längs der Wände fortlaufenden Diwans, deren strumpfblauer Veloursbezug von breiten, rötlich-braunen Streifen geteilt wird, dieselben tieffarbigen, durch ihren satten Ton dem Auge wohltuenden Portieren und dieselben geschmackvollen Armleuchter und Lüster eingefügt, deren irisierendes Glas das reizendste Farbenspiel entfaltet. Wie aber in allen Details in dem unteren Saal eine große Üppigkeit herrscht, so tritt in ihm auch an die Stelle der stilvoll gemusterten Tapeten der oberen Zimmer ein noch vornehmerer Wandschmuck, eine Doppelreihe von Gemälden, die sich über beide Langseiten des mächtigen Raums ausdehnen und an dem Beschauer festlich strahlende Bilder eines heiteren Lebensgenusses vorüberziehen lässt.

In diese malerische Aufgabe haben sich A. v. Werner und Chr. Wilberg derartig geteilt, dass der erstere die vordere, der letztere die hintere Hälfte des Saals übernahm, in deren Mitte, unterhalb des großen Deckenausschnitts, eine aus farbigen Majoliken aufgebaute Fontäne ihre lichtdurchschimmerten Wasserstrahlen in ein flaches Becken niederrieseln lässt. In fantasievoll erdachten und mit dem oft bewährten dekorativen Talent ihres Urhebers ausgeführten landschaftlichen Kompositionen, die sich aus stattlichen Palästen, aus schattigen Parkanlagen, aus verschwenderisch mit Marmor- und Bronzestatuen besetzten Terrassen und aus weiten, sonnigen Fernen zusammensetzen, schildern hier je drei Darstellungen auf jeder der beiden Wandflächen die versunkene Pracht der römischen Kaiserzeit, der auch A. v. Werner die Motive seiner trotz des geringeren Umfangs doch noch weit wirkungsvolleren, in der originellen Auffassung wie in der geschlossenen malerischen Haltung in gleichem Grad interessanten Bilder entnahm. Ihm boten sich auf jeder Wand je zwei breitere, ein schmaleres Mittelfeld zwischen sich einfassende Flächen dar, für die er ebenso viele charakteristische Szenen altrömischen Lebens Komponierte, während er zwischen diesen Hauptbildern in architektonisch umrahmten Nischen die sitzenden Gestalten des Horaz und des Ovid, der gefeierten Sänger des Weins und der Liebe, einfügte. Auf der dem ersteren zugewiesenen Seite versinnlicht eine Gesellschaft schmausender Männer und eine andere, die nach beendeter Mahlzeit dem Tanz eines jugendlichen Paars zuschaut, die Freuden der Tafel;

auf der anderen Seite blickt man links in das Innere eines von Gästen erfüllten Männerbads, rechts auf eine Terrasse, aus der eine Gruppe römischer Frauen dem Lied des zur Leier singenden Dichters lauscht.

Schon die Namen der ebengenannten Meister beweisen, dass zur Ausschmückung des in seiner Art einzig dastehenden Etablissements die gediegensten Kräfte aufgeboten wurden, über die Berlin auf dem Gebiet der dekorativen Kunst verfügt, und der glückliche Erfolg dieses Beginnens zeigt, wie richtig man hierbei gerechnet hat. Weit entfernt, nur eine vorübergehend angestaunte Sehenswürdigkeit zu bleiben, hat sich das Café Bauer im Flug die dauernde Gunst der weitesten Kreise der Berliner Gesellschaft erobert, so dass seine Räume zu jeder Tages- und kaum minder zu jeder Nachtzeit von regem Leben erfüllt sind. Es kann kein Zweifel darüber sein, dass hierfür der vornehmste Dank der Kunst gebührt, die diese Hallen mit ihren lockendsten Gaben zierte; mit ungeteilter Anerkennung aber ist daneben auch der vortrefflichen Leitung des Unternehmens, die in den Händen der Herren Bauer und Hendner ruht, zu gedenken. Sie wissen den anspruchsvollen Bedürfnissen eines hauptstädtischen Publikums in jeder Hinsicht mit außergewöhnlicher Umsicht zu genügen und sowohl denen den Aufenthalt angenehm zu gestalten, die nur eine kurze Rast und Erfrischung suchen, wie auch diejenigen an sich zu fesseln, die an den mit den Zeitungen und Zeitschriften der gesamten zivilisierten Welt bedeckten Lesetischen der oberen Räume eine täglich erneute Befriedigung finden. ❐

Der große Geysir auf Island

Pfennig Magazin • 23.11.1833

Island, das nahe an den Grenzen der bewohnbaren Teile der Erde, in der Nähe des nördlichen Eismeeres, zwischen Norwegen und Grönland liegt, bietet dem Naturforscher Erscheinungen dar, welche um so bemerkenswerter sind, da sie in auffallendem Kontrast mit dem ganzen Land und seiner Temperatur stehen. Es sind mehrere Vulkane, welche fortwährend kochen und rauchen, und deren Feuersäulen in weiter Ferne hin die Schneeflächen beleuchten. Der größte unter ihnen ist der Hekla, welcher bei seinem Ausbruch im Jahr 1783 einen großen Teil der Insel auf eine furchtbare Weise verwüstete. Die aufsteigende Feuersäule erreichte eine solche Höhe, dass sie 34 Meilen weit gesehen werden konnte.

Es sind die Schlammquellen an der nordöstlichen Küste des Landes, welche unter furchtbarem Donner ihre schwarze, schlammige Masse 3 bis 5 Meter hochwerfen. Die Reisenden können nicht Worte finden, um das Grausende dieses Schauspiels zu beschreiben.

Eine der merkwürdigsten Erscheinungen der Insel Island ist ferner der Geysir, ein Zusammenfluss heißer Wasserquellen, welche von Zeit zu Zeit ihr Wasser wie einen Springbrunnen mit dumpfem Gebrüll in die Luft steigen lassen. Sie befinden sich im südwestlichen Teil der Insel, etwa 15 Meilen weit von dem Hekla entfernt, und nehmen einen Raum von ungefähr ¾ Meilen ein, zum Teil an dem Fuß einer wenig hohen Bergkette, übrigens an den Seiten derselben bis zu ihren Gipfeln. Man zählt solcher Quellen mehr als 100, obgleich nur 3 oder 4 mit dem Namen Geysir bezeichnet werden. Ihre Ausbrüche sind häufig, aber dauern nicht lange. Die Zwischenräume halten viel länger an, so dass die Zuschauer in voller Sicherheit sich nähern und mit Muße die Kanäle untersuchen können, aus welchen das unterirdische Wasser springt. Wenn der Augenblick eines Ausbruchs nahe ist, so zeigt dies ein Getöse an, welches einige Minuten dem Springen vorangeht.

Dies ist der Zeitpunkt, in welchem sich die Zuschauer zurückziehen müssen, wenn sie sich nicht der Gefahr aussetzen wollen, mit kochendem Wasser übergossen zu werden, oder wohl gar in einen sich neu öffnenden Schlund hinabzustürzen.

Ein Reisender, welcher den Geysir beobachtete, teilt darüber Folgendes mit:

Noch mehrere Meilen von dem Geysir entfernt, konnten wir an den Dampfwolken, die sich durch die Luft wälzten, den Ort erkennen, wo eine der unvergleichlichsten Szenen in der Natur sich entfaltet, wo der Groß-Geysir, durch den gespaltenen Boden dringend, sich siedend zwischen schroffen Felsen erhebt und Dampfwolken bis zu den Wolken sendet. Eben als wir um den letzten Hügel herumkamen, wurden wir von einem Ausbruch begrüßt, welcher mehrere Minuten anhielt, und während dessen das Wasser zu einer ansehnlichen Höhe in die Luft geschleudert zu werden schien.

Obgleich wir von einer großen Menge siedender Quellen umgeben waren, so blieben wir doch keinen Augenblick ungewiss, welcher Quelle wir uns zuerst nähern sollten. Unfern von der nördlichen Seite des Strahls erhob sich ein großer kreisförmiger Wall, aus dessen Mitte ein ansehnlicher Rauch aufstieg. Dies war der Groß-Geysir. Wir bestiegen diesen Wall, und bald hatten wir den geräumigen Kessel zu unseren Füßen, der mehr als bis zur Hälfte mit dem schönsten, kristallhellen, heißen Wasser angefüllt war, welches so eben in einem

schütterung des Bodens benachrichtigt, dass ein Ausbruch auf dem Punkt sei einzutreten. Doch wurden bloß einige schwache Wasserstrahlen in die Höhe getrieben, und das Wasser im Kessel stieg nicht über die Oberfläche der Ausgänge. So währte es mehrere Stunden fort, während welcher wir 5 bis 6 Mal das Krachen vernahmen, das die ganze Umgegend erschütterte; doch erfolgte kein beträchtlicher Auswurf. Das Wasser kochte bloß mit großer Heftigkeit. Endlich wurden die Knalle lauter und zahlreicher und glichen genau dem Ab-

leichten Sieden sich befand. Die Tiefe in der Mitte wurde 22 m befunden. Der Kessel senkt sich in die Tiefe trichterförmig hinab, und hat einen Durchmesser von etwa 15 m. Nachdem wir einige Zeit da gestanden hatten, in stille Bewunderung des prächtigen Schauspiels versunken, welches diese unvergleichliche Quelle selbst im Zustande der Untätigkeit dem Auge darbietet, kehrten wir nach dem Ort zurück, wo wir unsere Pferde zurückgelassen hatten.

Bald aber wurden wir durch ein dumpfes Krachen und eine leise Er-

feuern einer entfernten Batterie. Ich eilte nach dem erwähnten Wall, der heftig unter meinen Füßen erzitterte, und hatte kaum so viel Zeit, in den Kessel hinabzublicken, als die Quelle hervorsprudelte, und mich augenblicklich nötigte, mich rückwärts in eine ehrfurchtsvolle Entfernung zurückzuziehen. Das Wasser strömte mit großer Schnelligkeit aus dem Trichter hervor, und wurde in unregelmäßigen Säulen in die Luft geschleudert, von unermesslichen Dampfwolken umgeben, welche großen Teils die Säulen dem Blick verbargen. Die vier oder fünf ersten Strahlen waren unbedeutend, da sie nur eine Höhe von 5 bis 7 m erreichten; auf diese folgte eine von ungefähr 16 m; dann 2 oder 3 beträchtlich geringere, worauf die letzte kam, welche alle vorhergegangenen an Glanz übertraf, und sich zu einer Höhe von wenigstens 22 m erhob. Die großen Steine, welche wir vorher in den Trichter geworfen hatten, wurden zu einer ansehnlichen Höhe geschleudert. Bei dem Herabfallen der Säule wurde das Wasser bis über den höchsten Teil des Walles, hinter welchem ich selbst stand, hinweggetrieben. Der Körper der Säule, welcher wenigstens 3 m im Durchmesser hatte, erhob sich senkrecht, teilte sich aber in eine Menge prächtiger Nebenzweige, und mehrere kleinere Strahlen trennten sich davon und stürzten in schiefen Richtungen herab, zur nicht geringen Gefahr des Zuschauers, von dem herabfallenden Strahl verbrüht zu werden. Der ganze Auftritt war unbeschreiblich wundervoll.

Am anderen Morgen weckte mich mein Reisegefährte, um Zeuge des Ausbruchs der Quelle zu sein, welche man den neuen Geysir nennt, und welche 30 m südlich vom Groß-Geysir liegt. Es ist nicht möglich, einen Begriff von dem Glanz und der Größe des Schauspiels zu geben, welches sich meinen Augen in dem Augenblicke darbot, wo ich den Vorhang meines Zeltes zurückzog. Aus einem Trichter, welcher 3 m im Durchmesser hatte, und etwa 75 m vor mir lag, wurde mit unbeschreiblicher Gewalt eine Wassersäule, von erstaunlichen Dampfwolken und einem furchtbar brüllenden Geräusche begleitet, zu einer Höhe von 15 bis 25 m in die Luft geschleudert, und drohte den Horizont zu verdunkeln, obgleich dieser von der Morgensonne erleuchtet war. Während der ersten halben Viertelstunde blieb ich auf meinen Knien in stiller und feierlicher Anbetung versunken. Endlich begab ich mich nach der Quelle hin, wo wir alle zusammentrafen, und uns wechselseitig und mit Entzücken unsere Gefühle des Erstaunens und der Bewunderung mitteilten. Die Wasserstrahlen hatten sich jetzt gesenkt; aber Schaum und Dampf waren an ihre Stelle getreten, welche mit einem betäubenden Gebrüll hervorstürzten und sich zu einer Höhe erhoben, welche derjenigen wenig nachgab, zu der das Wasser selbst gelangt war. Als wir die größten Steine, die wir finden konnten, in den Trichter warfen, wurden sie augenblicklich zu einer erstaunlichen Höhe geschleudert, und einige, die senkrecht geworfen waren, und also wieder in den Kessel fielen, wurden 4 bis 5 Minuten lang mehrmals auf und nieder geschleudert.

Der große Geysir wirft regelmäßig alle 6 Stunden aus, aber die Höhe der aufsteigenden Wassersäule ist sehr verschieden. Zuweilen steigt sie 50 bis 100 m. Der kleine Geysir wird auch wegen seines brüllenden Geräusches der brüllende Geysir genannt. ❐

Treppenhaus des Montagu House im Londoner Stadtteil
Bloomsbury, dem ersten Standort des Britischen Museums.
Nach einer Zeichnung um 1845 von George Scharf (1788 – 1860).

Das Britische Museum in London

DIE WOCHE • 30.1.1909

London – man mag es lieben oder hassen, man mag es verherrlichen oder verdammen, man mag unempfindlich sein für die historische Vergangenheit und für die eigenartige Atmosphäre dieses alten Verkehrs- und Kulturzentrums – nach einer Richtung hin übt es unfehlbar auf alle, die ihm nahekommen, seine Anziehungskraft aus: in den Kunstschätzen, die es beherbergt. Es wird den Fremden, die sich der Besichtigung der Stadt hingeben, nicht so leicht gemacht, die Stätten, die ihr Interesse erregen, und die Schätze, die Jahrhunderte angehäuft, etwa alle beisammen zu finden; Meilen voneinander getrennt sind die St. Pauls Kathedrale und die Westminsterabtei, die Guildhall in der City und das Parlamentsgebäude im Südwesten an der Themse, weit voneinander liegen das South Kensington Museum, die Nationalgalerie, die Wallace Collection, die Tate Gallerie, das Naturhistorische Museum im Westen und das British Museum in Bloomsbury, einst der Stadtteil der vornehmen Welt, heute das Dorado der Boarding-Houses. Aber von allen den anziehenden Stätten bildet das British Museum den eigentlichen Mittelpunkt künstlerischen Interesses in London. Und nicht nur unter den Kunstsammlungen der englischen Metropole nimmt es die erste Stelle ein, es repräsentiert auch eine der herrlichsten, eine der reichsten und kostbarsten Sammlungen der ganzen Welt.

Vor anderthalb Jahrhunderten wurde sie in ihrer heutigen Form, wenn auch in kleinem Umfang, begründet. Eben jetzt, am 15. Januar 1909, wurde der 150. Geburtstag des ›British Museum‹ gefeiert, nicht mit lautem Gepränge und üppigen Festlichkeiten, sondern still und würdevoll, wie es einer »streng praktischen und administrativen Körperschaft«, wie sich die Verwaltung bei dieser Gelegenheit nannte, zukommt. Immer freilich

Aufgangstreppe zum ersten Stockwerk. An den Wänden Skulpturen buddhistischer Kultur.

ist man nicht ganz so nüchtern gewesen. Ja, man spekulierte sogar auf den Sportsgeist des britischen Bürgers, auf die Spiellust des Volkes, um dem British Museum zum Leben zu verhelfen; denn

einer Lotterie verdankt es seine Entstehung. Es war im Jahr 1753, als der englischen Regierung Gelegenheit geboten wurde, die berühmte Sloane-Sammlung von Münzen, Manuskripten, Büchern und naturhistorischen Merkwürdigkeiten zu erwerben. Mit einem Aufwand von 50 000 Pfund Sterling hatte Sir Hans Sloane sie zusammengetragen, für 20 000 Pfund Sterling wurde sie, seinem Testament gemäß, der Nation zum Kauf angeboten. Die Regierung konnte sich nicht entschließen, diesen verhältnismäßig kleinen Betrag zur Verfügung zu stellen, unter dem Druck der Agitation aber gab das Parlament seine Einwilligung zu einer Lotterie zum Erwerb jener Sammlung. Die drei Würdenträger, die nach dem Prinzen von Wales die ersten Staatsbürger sind: der Erzbischof von Canterbury, der Lord Chancellor (der Präsident des Hauses der Lords) und der ›Speaker‹ des Unterhauses, stellten sich an die Spitze der Lotterie. 100 000 Lose zu je 3 Pfund Sterling wurden verausgabt mit Gewinnen von 10 bis zu 10 000 Pfund Sterling. Dadurch gelangte die

Nation in den Besitz der Mittel, um die kostbare Sloane-Stiftung zu erwerben. Ja, es verblieb noch ein beträchtlicher Überschuss, so dass gleichzeitig auch die Harlery-Collection wertvoller Manuskripte für 10 000 Pfund Sterling angekauft werden konnte. Zur Unterbringung dieser Sammlungen erwarb die Regierung den Montague-Palast in Bloomsbury, das damals nach Norden hin an der Peripherie Londons lag, inmitten üppiger Felder und Gärten. Dahin wurden auch die Schätze der Cottonschen Bibliothek gebracht, die bereits Eigentum der Nation waren, die aber bisher ein so mangelhaftes Unterkommen gefunden hatten, dass ein Teil bereits der Zerstörung anheimgefallen war.

Mit der Überführung dieser drei Sammlungen nach Montague-Haus erwachte das öffentliche Interesse für die Kunstschätze der Nation. Zwar waren die Mittel zur Erweiterung der Sammlungen zunächst nur in geringem Umfang vorhanden, aber reiche und verschiedenartige Geschenke kamen der Verwaltung zu Hilfe. Eine der frühesten und wertvollsten war die Königliche Bibliothek, die ganze Jahrhunderte hindurch von den jeweiligen Inhabern des englischen Thrones angesammelt worden war.

Der heilige Wagen im indischen Raum.

Inzwischen war die Arbeit des Sichtens, Anordnens und Katalogisierens bewältigt worden, und am 15. Januar 1759 wurden die Schätze dem Publikum zugänglich gemacht. Mit drei Abteilungen wurde das British Museum eröffnet: Druckschriften, Handschriften und naturgeschichtliche Abteilung. Für die Benutzung der Druckschriften richtete man ein Lesezimmer im Keller-

Blick in die Bibliothek.

geschoss ein und stattete es bescheiden mit einem Tisch und 5 Stühlen aus, die später bis zu zwanzig vermehrt wurden. Heute dient diesem Zweck ein großartiger Rundbau, größer als die St. Peters-Kuppel in Rom, 43 Meter im Durchmesser und mit einer Kuppel rund 33 Meter hoch. Für mehr als 400 Personen bietet er Raum, und gegen 250 000 Wissensdurstige aus allen Teilen der Welt, für deren Komfort fast verschwenderisch gesorgt ist, finden sich im Durchschnitt alljährlich dort ein, um von der Weisheit zu schöpfen, die in den vier Millionen Bänden der Bibliothek angehäuft ist. Im Jahre 1905 beanspruchte die Aufbewahrung der Druckwerke ungefähr 68 Kilometer von Regalen; und da jährlich ein Zuwachs von rund 100 000 Büchern stattfindet – ca. 60 000 Pflichtexemplare, rund 10 000 als Schenkungen und ungefähr 30 000 fremdländische Werke, die durch Ankauf erworben werden – so dürfte heute die Ausdehnung schon eine noch größere sein. Die Bibliothek des British Museum gilt als die größte der Welt. Ihr am nächsten kommt die *Bibliothèque Nationale* in Paris, die aber doch nicht von so gewaltigem Umfang ist wie ihre Nebenbuhlerin an der Themse. An kosmopolitischem Interesse steht

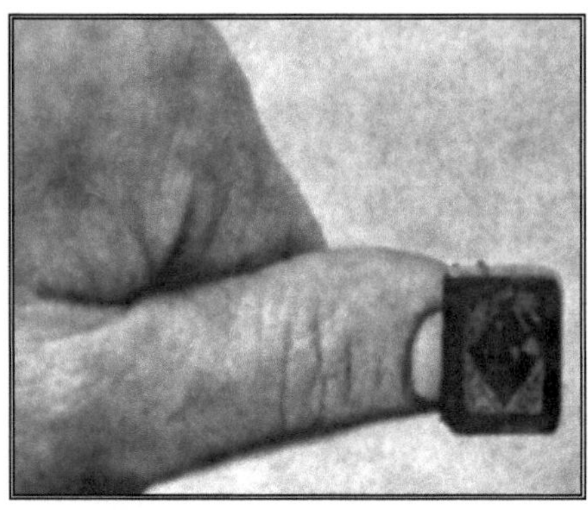

Das kleinste Buch der Bibliothek.

diese unvergleichlich da; besitzt sie doch in jeder europäischen Sprache die beste Bibliothek, die außerhalb des betreffenden Landes selbst gefunden werden kann, und in manchen Fällen kann diese Einschränkung sogar fortfallen. Werke von unnennbarem Wert befinden sich unter den Bücherschätzen und auch vielerlei Kuriositäten, wie z. B. das größte Druckwerk der Welt, eine chinesische Enzyklopädie, die aus 5000 Bänden besteht. Mindestens gleichwertig mit den Bücherschätzen ist die Manuskriptabteilung. Da sind die alten historischen Chroniken Englands aufbewahrt; die Privilegurkunden (die ›Charters‹) der angelsächsischen Könige, darunter wahre Wunderwerke der Kalligraphie und Ornamentik, sind wohlerhalten vorhanden; die berühmten Serien der König-Arthur-Sagen sind in der Sammlung und viele andere Hochgenüsse für den historischen Schatzgräber.

Eine Epoche in der Geschichte der British-Museum-Bibliothek bildete das ›große Reinemachen‹ des Lesesaals im Jahr 1907 schon deshalb, weil es – was wird die deutsche Hausfrau dazu sagen? – das einzige seiner Art war in-

Das größte Buch der Museumsbibliothek.

nerhalb 52 Jahren. Da war es nicht zu verwundern, dass die Arbeiten sechs Monate in Anspruch nahmen, und dass allein für die Reinigung des Kuppeldachs vom angesammelten Schmutz 10 000 Mark aufgewendet werden mussten.

Den meisten Fremden, die das British Museum besuchen, ist von der Bibliothek des Museums weniger bekannt als von den Kunst- und Altertums-Sammlungen, und in der Tat sind diese auch, wie man weiß, unschätzbar. Durch Zuwendungen und Ankäufe wurden sie schon früh vermehrt und erweitert. Zu den wichtigsten Bereicherungen gehört die Schenkung Georgs III. im Jahr 1801, die mit den von Abercromby aus Ägypten gebrachten Schätzen – darunter die berühmte Hieroglyphentafel, ›der Stein von Rosette‹ genannt – den Grund zur Sammlung orientalischer Altertümer bildete; dann folgte im Jahr 1805 die Erwerbung der Townley Marbles, während das Jahr 1816 mit goldenen Lettern in der Geschichte des British Museum verzeichnet steht: es ist das Jahr, in dem die weltberühmten Elgin Marbles, die Überreste der Skulpturen des Phidias vom Parthenon zu Athen, das Eigentum der Nation wurden. Mit einem Aufwand von 70 000 Pfund Sterling hatte sie Lord Elgin, damals britischer Gesandter in Konstantinopel, nach England gebracht, und für die Hälfte des Betrags verkaufte er die unschätzbaren Kunstwerke an die englische Regierung.

Das Montague-Haus wurde für die Aufnahme der Elgin Marbles im Jahre 1816 zwar mit einem Anbau versehen, bald aber erwies es sich als durchaus unzureichend für die stetig sich vermehrenden Besitztümer. Man beschloss, ein eigenes Museum zu bauen, und betraute Sir Robert Smirke damit. Im Jahre 1823 konnte der östliche Flügel bezogen werden, aber erst im Jahre 1857 stand das fertige Gebäude da, wie es sich heute präsentiert, mit der 112 Meter langen Hauptfassade mit 44 ionischen Säulen und mit dem oben beschriebenen Kuppelsaal, der in dem inneren Hof des ein Viereck bildenden Baues errichtet wurde. Mit dem verhältnismäßig geringen Aufwand von drei Millionen Mark war das Gebäude ausgeführt worden, wozu später indessen noch acht Millionen kamen für das Naturgeschichtliche Museum, das in den 1880er Jahren abgezweigt und in einem besonderen Gebäude in South Kensington untergebracht wurde.

• Henriette Jastrow

Hotel-Telegraf

ILLUSTRIRTE WELT　　　　　　　　　*1855*

In Paris wird gegenwärtig ein Hotel so eingerichtet, dass die Hauptrezeption mit den verschiedenen Gastzimmern per Telegraf korrespondieren kann. Statt der Glockenzüge findet man nämlich in allen Zimmern Namenlisten von den verschiedenen Gegenständen, die man billigerweise in einem Hotel erwarten kann und braucht dann bloß den auf den Listen angebrachten Zeiger auf den Namen des Gegenstandes zu rücken, welchen man zu erhalten wünscht – so gibt der Zeiger augenblicklich durch einen elektrischen Draht auf den entsprechenden Listen an der Rezeption den verlangten Gegenstand an, welchen der Aufwärter sofort bringt.　　　❐

Eine Hotel-Unsitte

DIE GARTENLAUBE　　　　　　　　　*1877*

»Überziehen Sie mir doch die Steppdecke, wie es sich gehört, mit einem ordentlichen Bettüberzuge, statt nur ein Laken darum zu schlagen, welches bei der geringsten Bewegung sich herunterschiebt und veranlasst, dass man die bloße Decke auf dem Körper hat, nachdem sich jede Nacht damit ein Anderer in gleicher Weise zugedeckt hat!«

»Wir haben keine Bettüberzüge«, erwidert das von mir angeredete Zimmermädchen, *»auch wird so etwas nie verlangt.«*

»Nun, so verlange ich dies wenigstens, denn es ist eine Ferkelei sich so zudecken zu sollen! Wenn Sie keine weißen Bezüge für Fremdenbetten haben, so ist vielleicht ein gestreifter grober Bezug von Gesindebetten da! Nur rein und sauber will ich es haben! Für die bloße Umlegung eines Lakens danke ich und verlange für mein Geld eine vollkommene Lagerstätte!«

Diese Unterhaltungen haben sich auf meinen vielen Reisen und in den besten und größten Hotels (in Deutschland namentlich am Rhein, Westfalen, Süddeutschland etc.) zwischen mir und den Hoteldomestiken so oft wiederholt, und trotzdem ist seit den vielen inzwischen vergangenen Jahren noch nicht die geringste Abhilfe dafür geschafft, dass ich doch endlich an den bessern Geschmack und den Sinn für Reinlichkeit und Sauberkeit aller Reisenden appellieren muss, um zu ermöglichen, dass man auch einmal gegen diese Unsitte energisch Front mache!

Nachdem man auf dem besten Wege ist, der Trinkgelderbettelei der Hotelbediensteten ein Ende zu schaffen, wäre es wirklich an der Zeit, auch für die Beseitigung der oben gerügten Unsitte mit aller Kraft einzutreten. Viele Hotelwirte, die durch guten und oft kaum verdienten Zuspruch der Fremden ein hübsches Vermögen erworben haben, glaubten den Ansprüchen der Zeit zu genügen, wenn sie ihre bescheideneren Gasthäuser zu den elegantesten Hotels mit herrlichen Speisesälen, Marmortreppen etc. umbauen ließen, und während man durch derlei äußeren Glanz die Gäste in größerer Zahl heranzulocken sich bestrebte, waren die Letzteren in den meisten Fällen einfältig genug, sich davon blenden zu lassen und nebenher die alten Unsitten und Gebräuche mit in den Kauf zu nehmen.

Ich habe in den besuchtesten und elegantesten Hotels, neben den geschmackvollsten Konversations- und Speisesälen, nicht nur Zimmer mit rauchenden Öfen, gewisse Orte unsauber, vor allen Dingen aber gefunden, dass man dem Fremden nicht einmal eine ordnungsmäßig überzogene Steppdecke oder für den Winter, anstatt des lächerlichen Plumeaus, ein anständiges gutes Deckbett geben konnte! Sollte man es glauben, dass hiergegen kaum Einer der vielen Reisenden seine Stimme erhoben hat, und dass meine vereinzelten Einwendungen nur staunende Mienen hervorgerufen haben?

Man denke sich einmal recht in die sehr unerquickliche Situation hinein, fast jede Nacht auf der Reise in einem anderen fremden Bett schlafen zu müssen, in welchem vorher wer weiß welch gesunder oder kranker Mensch gelegen hat! Nun sind wenigstens Unterbett und Kopfkissen mit geschlossenem reinem Überzuge bedeckt, anstelle eines ebensolchen Deckbettes oder einer Decke erhält man aber die oben beschriebene Decke mit dem umgelegten Laken! Verkennen ohnehin die meisten Gastwirte oder Hoteliers schon den eigentlichen Zweck ihres Geschäfts, dass sie dem Reisenden den Aufenthalt angenehm machen und ihn die Entbehrung häuslicher Bequemlichkeit vergessen lassen sollen, so sollten sie doch wenigstens so viel guten Geschmack besitzen, dass sie ihren Gästen nicht zumuten, unter infizierten wollenen Decken schlafen zu müssen.

Das Hotelwohnen ist nur dann angenehm, wenn dem Fremden saubere Zimmer und Betten, gute Speisen und Getränke bei anständiger Bedienung und alle sonstigen Bequemlichkeiten in damit harmonierender Weise geboten werden, wenigstens ähnlich den soliden Verhältnissen, in denen sich ja doch wohl die Mehrzahl der Reisenden daheim in der eigenen Familie bewegt. Nicht prunkhafte Säle und reichhaltige ›Menus‹, nicht betresste Portiers oder Marmortreppen – alles nur für die kleinste Zahl der vielen Touristen ein gewohnter Luxus – vermögen die Behaglichkeit bei den meisten Reisenden zu erzeugen und die gerügten Unsitten zu verdecken.

Vielleicht trägt gegenwärtiger kleiner Hinweis dazu bei, die Reisenden aufzumuntern, sich für ihr teures Geld in den Hotels nicht alles bieten zulassen.　❐

Stimmen-Museum

DIE UMSCHAU　　　　　　　　　　11.1.1908

In den Kellern der Pariser Großen Oper werden die Stimmen der berühmtesten Sänger und Sängerinnen der Gegenwart in der Form von Grammophonplatten aufbewahrt. Die Idee zu diesem ›Stimmen-Museum‹ stammt von dem amerikanischen Gesangsprofessor Clark. Jede dieser Platten wurde in zwei kleinen Kupferbüchsen luftdicht eingeschlossen und diese dann in einer zwischen zwei Pfeilern des Kellergewölbes errichteten Mauer in einem mit Eisen ausgekleideten Abteil beigesetzt. Auf diese Weise hofft man die Platten mindestens hundert Jahre zu konservieren, um der Nachwelt ein Zeugnis von der Gesangskunst und die Stimmen der berühmtesten Sänger der Gegenwart zu übermitteln.　❐

Der Mann, der die Welt zugrunde richten wollte

Erzählung von Arthur Conan Doyle

THE STRAND MAGAZINE • JANUAR 1929

Die Laune von Professor Challenger war denkbar schlecht. Ich hatte bereits die Hand am Türgriff und meinen Fuß auf der Matte um sein Arbeitszimmer zu betreten, als ich Zeuge eines Monologs wurde, der durch das gesamte Haus hallte.

»Ja, sage ich, das ist der zweite falsche Anruf. Der Zweite an diesem Morgen. Stellen sie sich vor, dass ein Mann der Wissenschaft durch die ständigen Störungen eines Idioten am anderen Ende der Leitung von seiner wesentlichen Arbeit abgelenkt werden soll? Das dulde ich nicht. Sagen sie das umgehend ihrem Amtsleiter! Was, sie sind der Amtsleiter? Und warum tun sie dann nichts dagegen? Ja, sie schaffen es sicher, mich von meiner Arbeit abzuhalten, deren Wichtigkeit ihr Verstand gar nicht zu fassen vermag. Ich will sofort mit ihrem Vorgesetzten sprechen! Er ist nicht da? Natürlich, dachte ich mir schon. Sollten sie noch einmal anrufen, werden wir uns vor Gericht sehen! Man hat schon Hähnen das Krähen verboten! Warum dann nicht dem Telefon das Läuten? Der Fall ist klar. Eine schriftliche Entschuldigung? Sehr gut! Ich werde es überdenken. Guten Morgen!«

An diesem Punkt wagte ich, das Zimmer zu betreten. Es war kein guter Moment. Ich stand vor ihm, als er sich wie ein wütender Löwe vom Telefon weg drehte. Sein riesiger schwarzer Bart sträubte sich, seine mächtige Brust schwoll vor Empörung, und seine arroganten grauen Augen musterten mich von oben bis unten. Die ganze Wut des Telefonates prallte auf mich.

»Höllische, idiotische, überbezahlte Schurken!«, dröhnte er. »Ich konnte sie lachen hören, als ich meine berechtigte Beschwerde vorbrachte. Es gibt ein Komplott, um mich zu verärgern. Und jetzt kommen sie, junger Malone, um meinen unglückseligen Morgen zu vollenden. Sind sie als Freund hier, oder hat ihr nichtsnutziger Chefredakteur sie mit einem Interview beauftragt? Als ein Freund haben sie Vorrechte – als Schmierfink verschwenden sie ihre Zeit!«

Ich suchte in meiner Tasche noch nach dem Brief von McArdle, als dem Professor plötzlich ein neues Ärgernis einfiel. Seine großen haarigen Hände durchwühlten einen Papierstapel auf seinen Schreibtisch und zogen schließlich einen Zeitungsausschnitt heraus.

»Sie waren so freundlich, in einer ihrer letzten bemühten Arbeiten auf mich anzuspielen«, sagte er, das Papier vor mir schüttelnd. »Und zwar im Zuge ihrer albernen Bemerkungen über den neuen Saurierfund im Solenhofen-Schiefer. Sie begannen den Abschnitt mit den Worten: ›Professor G. E. Challenger, einer unseren größten lebenden Wissenschaftler.«

»Ja, und?«, fragte ich.

»Warum diese gehässige Einschränkung? Vielleicht können sie mir sagen, wer denn diese anderen großen Wissenschaftler sein sollen, denen sie mit dieser Gleichsetzung vielleicht sogar eine Überlegenheit über mich zuschreiben?«

»Es war schlecht formuliert. Ich wollte sicher sagen: ›Unser größter lebender Wissenschaftler‹« gab ich zu. Es war wirklich ehrlich gemeint. Meine Worte verwandelten Winter in Sommer.

»Mein lieber junger Freund, glauben sie nicht, dass ich anspruchsvoll bin, aber umgeben von kampflustigen und unfähigen Kollegen bin ich dazu gezwungen. Ich neige nicht zu Selbstüberschätzung, aber ich muss meinen Ruf waren und meinen Platz verteidigen. Kommen sie, setzen sie sich! Was ist der Grund ihres Besuchs?«

Ich musste vorsichtig sein, weil ich wusste, wie leicht ich den Löwen wieder zum Brüllen reizen konnte. Ich öffnete den Brief. »Darf ich das bitte vorlesen? Es ist von McArdle, meinem Redakteur.«

»Ich erinnere mich an den Mann – für seine Art nicht der schlimmste Kerl.«

»Er bewundert sie sehr und hat sich immer wieder an sie gewandt, wenn er die höchste Qualität in einer Nachforschung brauchte. Das ist jetzt der Fall.«

»Was wünscht er?« Bei dieser Schmeichelei spreizte er das gefiedert wie ein ungelenkter Vogel. Er stützte sich mit seinen Ellbogen auf den Schreibtisch, seinen Gorilla-Hände zusammengepresst, seinen Bart aufgesträubt, und seine großen grauen Augen, von den Lidern halb bedeckt, sahen gütig auf mich. Er war in allem, was er tat riesig, und sein Wohlwollen noch überwältigter als seine Streitlust.

»Ich werde ihnen seine Zeilen vorlesen. Er schreibt:

»Besuchen Sie bitte unseren geschätzten Freund Professor Challenger und bitten Sie um seine Zusammenarbeit in der folgenden Angelegenheit: Es gibt einen lettischen Herrn namens Theodore Nemor, der in White Friars, Hamstead lebt und behauptet, eine außergewöhnliche Maschine erfunden zu haben, die dazu fähig ist, jeden innerhalb ihres Einflussbereichs gelegten Gegenstand aufzulösen. Die Sache verschwindet und kehrt zu seinem molekularen oder atomaren Zustand zurück. Den Prozess kann umgekehrt werden, und die Sachen werden in ihrer ursprünglichen Form wieder zusammengesetzt. Der Behauptung scheint übertrieben zu sein, und doch gibt es Beweise, dass es eine Grundlage dafür gibt, und dass der Mann über eine bemerkenswerte Entdeckung gestolpert ist. Ich muss nicht auf den revolutionären Charakter solch einer Erfindung, noch auf ihre äußerste Wichtigkeit als potenzielle Waffe des Krieges, hinweisen. Eine Kraft, die ein Kriegsschiff auflösen kann, oder ein Bataillon – wenn es nur für kurze Zeit, in seine Atome zerlegt – würde die Welt beherrschen. Wegen der sozialen und politischen Bedeutung sollte der Angelegenheit sofort nachgegangen werden. Die Mann tritt in die Öffentlichkeit, weil er versuchen möchte, seine Erfindung zu verkaufen. Es ist also nicht schwer, sich ihm zu nähern. Die beiliegende Karte wird ihnen die Türen öffnen. Was ich wünsche ist, dass Sie und Professor Challenger ihn besuchen, seine Erfindung untersuchen und für die Zeitung einen fundierten Bericht über den Wert der Entdeckung schreiben. Ich hoffe heute Abend von Ihnen zu hören – R. McArdle.«

»So lautet mein Auftrag, Professor«, sagte ich, als ich den Brief wieder zusammenfaltete. »Ich hoffe aufrichtig, dass sie mich begleiten werden, da meine begrenzten Fähigkeiten nicht ausreichen, diese Angelegenheit allein zu beurteilen.«

»Stimmt, Malone! Wie wahr!« summte der große Mann. »Obwohl sie eine gewisse natürliche Intelligenz besitzen, stimme ich mit ihnen überein, dass sie mit solch einer Sache etwas überfordert sind. Diese unaussprechlichen Leute am Telefon haben mir bereits die Arbeit meines Morgens zunichtegemacht, so dass ein wenig mehr kaum von Bedeutung sein kann. Ich bin mit den Antworten auf diesen italienischer Clown Mazotti beschäftigt, dessen Ansichten der Larvenentwicklung der tropischen Termiten meinen Hohn und Spot erregen, aber ich kann die Bloßstellung dieses Blenders bis zum Abend verschieben. Bis dahin zu ihren Diensten.«

Und so geschah es, dass ich an diesem Morgen im Oktober mit dem Professor in der Untergrundbahn in den Norden Londons fuhr, wo ich eine der überraschendsten Erfahrungen meines an Überraschungen nicht armen Lebens machte. Ich hatte mich vor unserer Abfahrt in Enmore Gardens telefonisch versichert, dass der Mann zu Hause ist und uns angekündigt. Er lebte in einer bequemen Wohnung in Hampstead, und er ließ uns eine halbe Stunde in seinem Vorzimmer warten, während er ein lebhaftes Gespräch mit einer Gruppe von Besuchern fortsetzte, deren Stimmen beim Abschied verrieten, dass sie Russen waren. Ich erhaschte einen Blick durch die halbgeöffnete Tür auf sie und hatte den Eindruck von wohlhabenden und intelligenten Männern, mit Pelz-Kragen an ihren Mänteln, glänzenden Zylindern und einem Äußeren, welches den bürgerlichen Wohlstand verriet, den ein erfolgreicher Kommunist schnell annimmt. Die Tür schloss sich hinter ihnen und im nächsten Moment kam Theodore Nemor zu uns. Ich habe noch vor Augen, wie er im vollen Sonnenlicht stand, seine langen, dün-

nen Hände zusammen reibend und uns mit seinem breiten Lächeln und seinen schlauen gelben Augen anblickte.

Er war ein kleiner, dicker Mann mit dem Eindruck der Missbildung seines Körpers, obwohl es schwierig zu sagen war, wo diese Missbildung lag. Man könnte meinen, dass er ein Buckliger ohne den Buckel war. Sein großes, schwammiges Gesicht sah mit derselben Farbe und feuchten Konsistenz aus wie ein halbgarer Kloß, während die Pickel und Flecken, die es schmückten, aggressiver gegen den blassen Hintergrund hervortraten. Seine Augen waren diejenigen einer Katze, und katzenartig war auch der dünne, lange, stachelige Schnurrbart über seinem schlaffen und feuchten Mund. Es war alles halb fertig und abstoßend, bis zu den schmutziggelben Augenbrauen. Über diesen zeigte sich ein beeindruckender Schädel, wie ich ihn selten gesehen habe. Sogar der Hut Challengers hätte auf diesen gewaltigen Kopf gepasst. Man könnte Theodore Nemors Kopf ohne die Stirn als den eines abscheulichen, kriechenden Verschwörer bezeichnen, aber sein Schädel konnte es mit einer ganzen Reihe von großen Denkern und Philosophen dieser Welt aufnehmen.

»So, meine Herren«, sagte er in einer samtartigen Stimme mit nur kleinsten Spuren eines Auslandsakzents, »Sie sind gekommen, wenn ich sie am Telefon richtig verstanden habe, um mehr über den Nemor-Disintegrator zu erfahren. Ist es so?«

»Genau.«

»Darf ich fragen, ob sie die britische Regierung vertreten?«

»Überhaupt nicht. Ich bin ein Korrespondent der Zeitung, und das ist Professor Challenger.«

»Ein ehrenwerter Name – von europäischem Rang.«

Seine gelben Giftzähne glänzten in unterwürfiger Umgänglichkeit. »Ich wollte sagen, dass die britische Regierung ihre Chance vertan hat. Die weiteren Konse-

quenzen werden sich später erweisen. Vielleicht hat sie sogar das Empire aufs Spiel gesetzt. Ich bin bereit, an die erste Regierung zu verkaufen, die mir meinen Preis zahlt, und wenn meine Maschine jetzt in falsche Hände fällt – jedenfalls werden sie es so sehen – haben sie das sich selbst zu verantworten.«

»Dann haben sie ihr Geheimnis bereits verkauft?«

»Zum geforderten Preis.«

»Sie denken, dass der Käufer ein Monopol haben wird?«

»Zweifellos wird er.«

»Aber andere werden das Geheimnis genau so wissen wie sie.«

»Nein, mein Herr.« Er berührte seine große Stirn.

»In diesem Safe ist das Geheimnis – ein besserer Safe als aus Stahl, das Geheimnis ist gut verschlossen, und besser gesicherte als durch ein Schloss. Einige wissen dies, einige wissen das. Aber nur ich weiß das ganze Geheimnis!«

»Und diese Herren, an die sie es verkauft haben?«

»Nein, mein Herr, ich bin nicht so dumm, meine Kenntnisse preiszugeben, bevor der Preis bezahlt wurde. Danach bin ich es, den sie kaufen, und der Käufer hat Zugriff auf diesen Safe.« Er klopfte wieder an seine Stirn. »Mit seinem ganzen Inhalt wird er zu jedem beliebigen Punkt bewegt, den die Käufer wünschen. Mein Teil des Abkommens wird dann treu und unbarmherzig getan. Dann wird Geschichte gemacht.« Er rieb seine Hände und das Lächeln auf sein Gesicht wurde zu einer Grimasse.

»Sie werden mich entschuldigen,« stieg Challenger, der bisher schweigend dagesessen und das Gesicht von Theodore Nemor mit größter Missbilligung betrachtet hatte, in das Gespräch ein. »Bevor wir die Sache besprechen, sollten wir erst einmal herausfinden, ob es überhaupt was zu besprechen gibt. Ich habe einen Fall nicht vergessen, wo sich ein Italiener, der vorhatte Gruben von weitem zu sprengen, nach der Untersuchung als ein ausgesprochener Betrüger erwies. Geschichte kann sich gut wiederholen. Sie, mein Herr, werden verstehen, dass ich als ein Mann der Wissenschaft einen Ruf zu schützen habe, den sie freundlicherweise als von europäischem Rang bezeichnet haben, obwohl ich nicht glaube, dass mein Ruf in Amerika von geringerer Bedeutung ist. Vorsicht ist ein Gebot der Wissenschaft und sie müssen uns Beweise vorlegen, bevor wir über ihre Behauptungen ernsthaft sprechen können.«

Nemor warf mit seinen gelben Augen einen besonders bösartigen Blick auf meinen Begleiter, aber dann erschien ein herzliches Lächeln auf seinem Gesicht.

»Sie entsprechen ihrem Ruf, Professor. Ich hatte immer gehört, dass sie der letzte Mann auf der Welt sind, der getäuscht werden kann. Ich bin bereit, ihnen eine wirkliche Demonstration zu geben, die sie sicherlich überzeugen wird. Aber vorher muss ich noch einige grundsätzliche Worte sagen.

Sie werden verstehen, dass das Experiment, das ich hier in meinem Laboratorium aufgestellt habe, ein bloßes Modell ist, obwohl innerhalb seiner Grenzen bewundernswert funktioniert. Es ist keine Schwierigkeit, zum Beispiel sie aufzulösen und dann wieder zusammenzusetzen. Aber dafür zahlt mir keine Regierung den geforderten Preis, der in die Millionen geht. Mein Modell ist ein bloßes wissenschaftliches Spielzeug. Aber wenn dieselbe Kraft in einem großen Umfang angewandt wird, können enorme praktische Effekte erreicht werden.«

»Können wir dieses Modell sehen?«

»Sie werden es nicht nur sehen, Professor Challenger. Wenn sie den Mut dazu haben, werden sie die denkbar aussagekräftigste Demonstration an ihrer eigenen Person erleben.«

»Wenn!«, begann der Löwe zu brüllen. »Ihr ›wenn‹, mein Herr, ist im höchsten Grad beleidigend!«

»Nun gut. Ich hatte nicht die Absicht, ihren Mut zu diskutieren. Ich wollte nur sagen, dass ich ihnen eine Gelegenheit geben werde, diesen zu beweisen. Aber zuerst einige Worte zu den zugrundeliegenden Gesetzen der Erfindung. Wenn bestimmte Kristalle, Salz zum Beispiel, oder Zucker, in Wasser gelegt werden, lösen sie sich auf und verschwinden. Sie würden nicht wissen, dass sie jemals dort gewesen sind. Dann, durch Eindampfen oder wie auch sonst, vermindern sie den Anteil des Wassers und es gibt die Kristalle wieder – sichtbar und dieselben wie zuvor. Können sie sich einen Prozess vorstellen, durch welchen sie, ein organisches Wesen, ebenso im Kosmos aufgelöst werden und sich dann – durch eine einfache Umkehrung der Bedingungen – wieder zusammensetzen?«

»Die Analogie ist falsch«, warf Challenger ein. »Selbst wenn ich einer so monströsen Annahme folgte, wie der, dass unsere Moleküle durch eine zerreißende Macht verstreut werden können, warum sollten sie sich in genau derselben Ordnung wie zuvor wieder versammeln?«

»Der Einwand ist offensichtlich, und ich kann nur antworten, dass sie sich wirklich bis zum letzten Atom der Struktur so wieder versammeln. Es gibt ein unsichtbares Fachwerk und jeder Ziegel fliegt an seinen wahren Platz. Sie können lächeln Professor, aber ihr Unglaube und ihr Lächeln können bald durch ein ganz anderes Gefühl ersetzt werden.«

Challenger zuckte mit seinen Schultern. »Ich bin bereit, mich ihrem Experiment zu unterziehen.«

»Es gibt einen anderen Fall, der Ihnen helfen kann, die Idee zu begreifen. Sie haben sowohl in der östlichen Magie als auch im westlichen Okkultismus vom Phänomen der Teleportation gehört – dass ein Gegenstand von einem Ort plötzlich an einen anderen gebracht wird. Wie sollte solch eine Sache gemacht werden, außer durch das Auflösen der Moleküle, ihrer Beförderung durch eine Ätherwelle, und ihres wieder Zusammensetzens, jedes genau an seinem eigenen Platz, welcher durch ein unwiderstehliches Gesetz festgelegt ist? Das scheint eine schöne Analogie zu sein, was meine Maschine tut.«

»Sie können nicht eine unglaubliche Sache dadurch erklären, indem sie eine andere unglaubliche Sache als Beispiel nehmen«, sagte Challenger. »Ich glaube nicht an ihre Teleportation, Herr Nemor, und ich glaube nicht an ihre Maschine. Meine Zeit ist wertvoll, und wenn wir an irgendeiner Demonstration teilnehmen sollen, würde ich sie bitten, damit ohne weitere Zeremonie zu beginnen.«

»Dann werden sie so freundlich sein mir zu folgen«, sagte der Erfinder. Er führte uns die Treppe herunter und durch einen kleinen Garten hinter dem Haus. Es gab einen großen Anbau, den er aufschloss und uns herein bat.

Innen war ein großes getünchtes Zimmer mit unzähligen Kupferleitungen, die in Girlanden von der Decke hingen, und einem riesigen auf einen Sockel befestigten Magnet. Davor stand ein Prisma aus Glas, drei Fuß in der Länge und ungefähr einen Fuß im Durchmesser. Rechts davon befand sich ein Stuhl auf eine Plattform aus Zink, der eine polierte darüber befestigte Kupferkappe hatte. Sowohl die Kappe als auch der Stuhl waren mit dicken Leitungen verbunden, und an der Seite war eine Art Stellrad mit nummerierten Rasten und einem mit Gummi bedeckten Griff, der sich in Nullstellung befand.

»Nemors Desintegrator«, sagte der merkwürdige Mann auf die Maschine deutend. »Das ist das Modell, das dazu bestimmt ist, das Gleichgewicht der Macht zwischen den Nationen zu erschüttern. Wem sie gehört, wird die Welt beherrschen. Nun, Professor Challenger, sie haben – wenn ich so sagen darf – es an Höflichkeit und Rücksicht mir gegenüber fehlen lassen. Werden sie es nun wagen, sich auf diesen Stuhl zu setzen und mir zu erlauben, an ihren eigenen Körper die Fähigkeiten dieser Maschine zu demonstrieren?«

Challenger hatte den Mut eines Löwen, aber irgend etwas in der Natur dieser Herausforderung brachte ihn in die Rage, die ihn zur Maschine trieb. Ich ergriff seinen Arm und hielt ihn zurück.

»Sie sollen nicht gehen«, sagte ich. »Ihr Leben ist zu wertvoll. Das hier ist unheimlich. Welche mögliche Garantie der Sicherheit haben sie? Das, was diesem Apparat am nächsten kommt, ist der elektrische Stuhl in Sing Sing.«

»Meine Garantie der Sicherheit ist«, sagte Challenger, »dass sie als Zeuge anwesend sind, und dass diese Person sicher des Totschlags angeklagt wird, sollte mir etwas zustoßen.«

»Es wäre ein schlechter Trost für die Welt der Wissenschaft, wenn sie ihre Arbeit halbfertig zurücklassen würden, die niemand außer ihnen tun kann. Lassen sie es mich zumindest zuerst versuchen, und dann, wenn es harmlos ist, können sie folgen.«

Eine persönliche Gefahr hätte Challenger nie von seinem Vorhaben abgebracht, aber die Möglichkeit, dass seine wissenschaftliche Arbeit unfertiger zurückbleibt, ließ ihn zögern. Bevor er einen Entschluss fassen konnte, sprang ich vor und setzte mich auf den Stuhl. Ich sah den Erfinder das Stellrad greifen. Ich hörte einen Klick. Dann war ich für einen Moment verwirrt und Nebel legte sich vor meine Augen.

Als sich der Nebel legte, stand der Erfinder mit seinem verhassten Lächeln vor mir und Challenger starrte mit apfelroten Wangen über seine Schulter.

»Nun fangen sie schon an!«, sagte ich.

»Es ist vorbei, sie haben bewundernswert reagiert«, antwortete Nemor. »Stehen sie auf, Professor Challenger wird jetzt zweifellos bereit sein, es auch zu probieren.«

Ich habe meinen alten Freund noch nie so aufgeregt erlebt. Seine eisernen Nerven hatten ihm für einen Moment völlig im Stich gelassen. Er ergriff meinen Arm mit einer zitternden Hand.

»Mein Gott, Malone, ist es wahr«, sagte er. »Sie verschwanden. Es gibt keinen Zweifel daran. Sie wurden kurz unscharf und dann war der Stuhl leer.«

»Wie lang war ich weg?«

»Zwei oder drei Minuten. Ich war, wie ich gestehen muss, entsetzt. Ich konnte mir nicht vorstellen, dass sie zurückkehren würden. Dann bewegte er diesen Hebel in eine neue Position und sie erschie-

nen wieder dort auf den Stuhl, ein wenig verwirrt, aber sonst genauso wie immer schauend. Ich dankte Gott, als ich sie wieder sah!« Er wischte seine feuchte Stirn mit seinem großen roten Taschentuch ab.

»Jetzt, mein Herr«, sagte der Erfinder. »Oder vielleicht fehlen ihnen die Nerven?«

Challenger fasste sich sichtbar. Dann, meine protestierende Hand zur Seite stoßend, setzte er sich auf den Stuhl. Der Griff klickte in Position drei. Challenger war weg.

Ich war über die vollkommene Kühle des Maschinenbedieners entsetzt. »Es ist ein interessanter Vorgang, oder?«, sagte er. »Wenn man die enorme Individualität des Professors bedenkt, ist es sonderbar zu wissen, dass er im Augenblick eine molekulare Wolke in einem Teil dieses Gebäudes ist. Er ist jetzt natürlich völlig von meiner Gnade abhängig. Wenn ich beschließe, ihn in der Suspendierung zu lassen, gibt es nichts auf der Welt, was mich daran hindert.«

»Ich würde sehr bald Mittel und Wege finden, sie daran zu hindern.«

Das Lächeln wurde wieder zu einer Grimasse. »Sie werden doch nicht glauben, dass ich je so einen Gedanken hatte. Du lieber Himmel! Der große Professor Challenger dauerhaft aufgelöst, verschwunden im kosmischen Raum ohne eine Spur zu hinterlassen! Schrecklich! Schrecklich! Aber gleichzeitig ist er nicht so höflich gewesen, wie er sein könnte. Denken sie nicht, eine kleine Lehre wäre angebracht?«

»Nein, tue ich nicht.«

»So, wir werden es eine erweiterte Demonstration nennen. Etwas, was einen interessanten Absatz in ihrer Zeitung ergeben wird. Zum Beispiel habe ich entdeckt, dass das Haar des Körpers auf einer völlig anderen Art vibriert als das lebende organische Gewebe. Es kann eingeschlossen oder auf Wunsch ausgeschlossen werden. Es würde mich interessieren, wie der Bär ohne seine Borsten aussieht. Schauen sie!«

Es gab den Klick des Hebels. Sofort saß Challenger wieder auf dem Stuhl, verschwand wieder und war gleich wieder da. Aber was für ein Challenger! Ein geschorener Löwe! Wütend, wie ich über diesen geschmacklosen Scherz war, der ihm gespielt wurde, konnte ich mein Gelächter kaum zurückhalten.

Sein riesiger Kopf war ebenso kahl, wie der eines Babys und sein Kinn war ebenso glatt, wie das eines Mädchens.

Beraubt seiner ruhmvollen Mähne war der untere Teil seines Gesichtes bartlos und hatte die Form eines Schinkens, während sein ganzes Äußeres einem alten verprügelten Gladiator glich, und seine Wangen ihm das Aussehen einer Bulldogge gaben.

Es muss der Ausdruck in unseren Gesichter gewesen sein – zweifellos wur-

de das schlechte Grinsen des Erfinders noch teuflischer – oder warum auch immer, Challengers Hand flog zu seinem Kopf und ihm wurde sein Zustand bewusst. Im nächsten Moment war es aus seinem Stuhl aufgesprungen, griff dem Erfinder an den Hals, und schleuderte ihn zu Boden. Wissend um die riesigen Kraft Challengers war ich überzeugt, dass er den Mann töten würde.

»Um Himmels willen, seien sie vorsichtig. Wenn sie ihn töten, können wir die Sache nie wieder in Ordnung bringen!« schrie ich.

Dieses Argument überzeugte ihn. Sogar in seinen rasendsten Momenten war Challenger immer fähig, vernünftig zu urteilen. Er kam vom Fußboden hoch, den zitternden Erfinder mit sich schleppend. »Ich gebe ihnen fünf Minuten«, keuchte er in seiner Wut. »Wenn ich in fünf Minuten nicht bin, wie ich war, werde ich das Leben aus ihrem elenden kleinen Körper rauswürgen.«

Mit einem wütenden Challenger sollte man sich nicht anlegen. Der tapferste Mann würde vor ihm zurückweichen, und es gab keine Anzeichen, dass Nemor ein besonders tapferer Mann war. Im Gegenteil, die Flecke und Warzen auf seinem Gesicht waren viel auffallender, weil sich das Gesicht dahinter von der Farbe des Kitts plötzlich zu der eines Fischbauchs wandelte.

Seine Glieder zitterten, und er konnte kaum artikulieren.

»Ehrlich, lieber Professor!«, krächzte er und fasste mit der Hand an seinen Hals, »diese Gewalt ist unnötig. Es ist doch nur ein harmloser Scherz unter Freunden. Ich wollte die Wirkung meiner Maschine demonstrieren. Ich dachte, sie wollten eine vollständige Demonstration. Keine böse Absicht – glauben sie mir, Herr Professor!«

Als Antwort bestieg Challenger wieder den Stuhl.

»Sie werfen ein Auge auf ihn, Malone. Erlauben sie ihm keine Freiheiten.«

»Ich werde aufpassen!«

»Dann bringen sie die Sache wieder in Ordnung, oder sie bekommen die Folgen zu spüren!«

Der verängstigte Erfinder näherte sich seiner Maschine. Er stellte den Hebel auf volle Leistung und Augenblicke später saß der Professor mitsamt seiner Löwenmähne wieder auf dem Stuhl. Er strich sich liebevoll mit seinen Händen über den Bart und tastete dann über seinen Schädel, um sicher zu sein, dass die Wiederherstellung abgeschlossen war. Dann stieg er ernst von seinem Sitz hinunter.

»Sie haben sich eine Freiheit herausgenommen, die sehr ernste Folgen nach sich ziehen könnten. Jedoch bin ich gewillt ihre Erklärung zu akzeptieren, dass sie es nur zum Zwecke der Demonstration taten. Jetzt kann ich ihnen einige direkte Fragen auf diese bemerkenswerte Kraft stellen, die sie behaupten, entdeckt zu haben?«

»Ich bin bereit zu antworten, nur nicht über die Quelle der Kraft. Das ist mein Geheimnis.«

»Und sie versichern ernsthaft, dass keiner auf der Welt außer ihnen davon weiß?«

»Keiner hat die kleinste Andeutung.«

»Keine Helfer?«

»Nein, mein Herr. Ich arbeite allein.«

»Sehr schön! Das ist am interessantesten. Sie haben mich betreffs der Wirkung der Kraft überzeugt, aber ich sehe ihre praktische Anwendbarkeit noch nicht.

»Ich habe ihnen erklärt, dass das ein Modell ist. Aber es würde ziemlich leicht sein, eine größere Maschine zu bauen. Das Modell wirkt vertikal, bestimmte Ströme über und andere unter ihm bewirken Vibrationen, die entweder auflösen oder wieder vereinigen. Aber der Prozess könnte horizontal erfolgen. Wenn er so ausgeführt wird, würde es dieselbe Wirkung haben, und einen Raum im Verhältnis zur Kraft des Stroms bedecken.«

»Führen sie ein Beispiel an.«

»Nehmen wir an, dass ein Pol sich in einem kleinen Boot befindet und ein der andere Pol in einem anderen Boot. Ein Kriegsschiff zwischen ihnen würde einfach in seine Moleküle aufgelöst werden. Oder auch eine ganze Truppe.«

»Und sie haben dieses Geheimnis als Monopol an eine einzelne europäische Macht verkauft?«

»Ja, mein Herr, habe ich. Wenn das Geld dafür bezahlt ist, werden sie eine solche Macht haben, wie sie keine Nation jemals zuvor hatte. Sie glauben nicht, welche Möglichkeiten diese Maschine in fähigen Händen hat, solange man sich nicht davor fürchtet, diese Waffe zu verwenden. Sie sind unermesslich.«

Ein schadenfrohes Lächeln überstrahlte das hässliche Gesicht des Mannes. »Stellen sie sich ein Viertel Londons vor, in dem eine solche Maschine aufgestellt wird. Stellen sie sich die Wirkung vor.« Er brach in Gelächter aus. »Ich stell mir das ganze Tal der Themse vor, das sauber ist, und nicht ein Mann, eine Frau, oder eines dieser wimmelnden Millionen verlassenes Kind wird zurück kehren!«

Die Worte erfüllten mich mit Entsetzen – und mehr noch der Jubel, mit dem sie ausgesprochen wurden. Sie schienen jedoch eine ganz andere Wirkung bei meinem Begleiter zu zeigen. Zu meiner Überraschung zeigte er ein freundliches Lächeln und reichte dem Erfinder seine Hand.

»Herr Nemor, ich muss ihnen gratulieren«, sagte er. »Es gibt keinen Zweifel, dass sie der Natur eine bemerkenswerte Entdeckung abgerungen haben. Sie haben es geschafft, sie für den Menschen nutzbar zu machen. Dass dieser Gebrauch zerstörend sein wird, ist zweifellos sehr beklagenswert, aber die Wissenschaft kennt keinen Unterschied von gut und böse, sie folgt den Kenntnissen, wohin sie auch immer führen wird. Abgesondert von der grundsätzlichen Kraftquelle haben sie wohl, denke ich, keine Einwände gegen die Inaugenscheinnahme der Maschine?«

»Nicht im geringsten. Die Maschine ist bloß der Körper. Der Seele dahinter werden sie ihr Geheimnis nicht entreißen können.«

»Genau. Aber der bloße Mechanismus zeigt einen großen Einfallsreichtum.«

Einige Zeit ging er um die Maschine herum und betastete ab und zu ein Teil. Dann zog er seinen gewaltigen Körper in den isolierten Stuhl hoch.

»Möchten sie einen weiteren Ausflug in den Kosmos?«, fragte der Erfinder.

»Später, vielleicht – später! Aber hier gibt es scheinbar ein Leck in der Isolation. Ich spüre ein leichtes Kribbeln.«

»Unmöglich. Es ist sehr gut isoliert.«

»Aber ich versichere ihnen, dass ich es fühle.« Er erhob sich von seinem Sitz.

Der Erfinder beeilte sich, seinen Platz einzunehmen.

»Ich kann nichts fühlen.«

»Spüren sie kein Kribbeln am Rückgrat?«

»Nein, mein Herr, ich spüre nichts.«

Es gab einen scharfen Klick, und der Erfinder war verschwunden. Ich schaute überrascht auf Challenger. »Lieber Himmel! Haben sie die Maschine angefasst, Professor?«

Er lächelte gütig mit einem Hauch milder Überraschung.

»Oh! Da bin ich doch ausversehen an den Hebel gekommen«, sagte er. »Bei solchen Modellen passiert das leider oft. Man sollte den Hebel besser schützen.«

»Er ist in Stellung drei. Das ist die Einstellung, die die Auflösung verursacht, ich bemerkte das, als sie auf der Maschine saßen. Aber ich war bei ihrer Rückkehr so aufgeregt, dass ich nicht sah, was

die richtige Einstellung für die Rückkehr ist. Haben sie es sich gemerkt?«

»Kann sein, junger Malone, dass ich es bemerkt habe, aber ich belaste mein Gedächtnis nicht mit unwichtigen Details. Es gibt viele Schalterstellungen, und wir wissen ihren Zweck nicht. Wir können die Sache schlimmer machen, wenn wir mit dem Unbekannten experimentieren. Vielleicht ist es besser, alles so zu lassen, wie es ist.«

»Und sie würden…?«

»Ja, genau. Es ist besser so. Die interessante Persönlichkeit von Theodore Nemor hat sich überall im Kosmos verteilt, seine Maschine ist jetzt wertlos, und einer bestimmten ausländischen Regierung ist die Erfindung geraubt worden, durch die viel Schaden hervorgerufen werden könnte. Keine schlechte Arbeit für einen Morgen, junger Malone. Ihre Zeitung wird zweifellos eine interessante Meldung über das unerklärliche Verschwinden eines lettischen Erfinders kurz nach dem Besuch seines eigenen speziellen Korrespondenten veröffentlichen. Ich hatte heute eine interessante Erfahrung. Dies sind die schönen Momente, die dazu da sind, die eintönige Routine der Studien zu erhellen. Aber Leben hat seine Aufgaben sowie seine Vergnügen, und ich kehre jetzt zum italienischen Mazotti und seinen absurden Ansichten von der Larvenentwicklung der tropischen Termiten zurück.«

Als ich mich umsah, schien es mir, dass ein noch leichter Nebel um den Stuhl lag. »Aber sicher«, sagte ich.

»Die erste Aufgabe des gesetzestreuen Bürgers ist, Mord zu verhindern«, sagte Professor Challenger. »Ich habe so gehandelt. Genug, Malone, genug! Das Thema ist nicht diskussionswürdig. Die Sache hat mich schon lange genug von den wichtigen Dingen abgehalten.« ❐

Friedrich Gerlach
Die elektrische Untergrundbahn der Stadt Schöneberg

Die 1910 eröffnete Untergrundbahn der damals noch selbstständigen Stadt Schöneberg war nicht nur die zweite U-Bahn in Deutschland, sie setzte auch neue Maßstäbe bei der Baulogistik und viele Verfahren der ›Berliner Bauweise‹ wurden hier zum ersten Mal angewendet. Dem Verfasser dieses Buches, Stadtbaurat Friedrich Gerlach (1856 – 1938), oblag die oberste Leitung für das Projekt der Schöneberger Untergrundbahn und so erfährt der Leser aus erster Hand, wie die Strecke geplant und gebaut wurde. Über 120 Zeichnungen und Fotos illustrieren dieses Zeitdokument der Berliner Verkehrsgeschichte. **• ISBN 978-3-7519-1432-1**

Bernhard Hoppe
Mit dem Käfer in die Alpen
Reise-Tagebücher 1961 – 1963

Dank des Wirtschaftswunders war es am Anfang der 1960er Jahre für fast jedermann möglich, in den Urlaub zu fahren. Selbst ›exotische‹ Ziele wie Österreich oder Italien konnte man sich leisten. Die Kost war noch regional, aber für einen gelungenen Urlaub genauso wichtig wie heute. Dieses Buch führt in eine Zeit, in der Massentourismus noch unbekannt war und warmes Wasser noch nicht selbstverständlich. Rund 150 Fotos illustrieren dieses authentische Zeitdokument. **• ISBN 978-3-7519-3741-2**

Zeitreisen mit Aufzügen und nach Berlin
Kultur + Technik von 1833 bis 1913

Die ›Zeitreisen‹ knüpfen an die Tradition der Jahrbücher wie ›Das neue Universum‹ oder ›Stein der Weisen‹ an. Eine bunte Auswahl von Originalartikeln begleitet den authentischen und oft überraschend aktuellen Ausflug in die Geschichte.
Kultur- und Technikgeschichte aus erster Hand, behutsam redigiert, in aktueller Rechtschreibung und reichhaltig illustriert. **• ISBN 978-3-7543-9786-2**

Schmiedekunst und Glockenguss
Eine Zeitreise durch 300 Jahre Metallhandwerk

Eine Zeitreise in Originaldokumenten durch die Geschichte des Metallhandwerks vom späten 16. bis ins 19. Jahrhundert. Viele heute vergessene Techniken, Werkzeuge und Produkte werden wieder lebendig. Zahlreiche historische Holzschnitte und Kupferstiche zeigen die Werkstätten und Arbeitsweisen der vergangenen Zeit. **• ISBN 978-3-7543-8430-5**

Zeitreisen zur Kultur + Technik   **edition·epilog·de**
Erhältlich in allen guten Buchhandlungen

Henry F. Urban
Die Entdeckung Berlins

Der Blick von Außen auf das Berlin von 1910: Henry F. Urban, ein in Amerika lebender Journalist mit Berliner Wurzeln, schildert mit einem Augenzwinkern das Leben in der Metropole an der Spree zur Kaiserzeit. Vergleiche mit New York zeigen Gemeinsamkeiten und Unterschiede in dieser amüsant geschriebenen Zeit- und Sittengeschichte.

Henry F. Urban (1862 – 1924) lebte als gebürtiger Berliner in New York und schrieb von dort aus für verschiedene Zeitschriften in Deutschland.

ISBN: 978-3-7386-5977-1